Patricia Holm

Faszinierende Fische

Haupt

Patricia Holm

Faszinierende Fische

Biologie, Bedeutung und Zukunft

Haupt Verlag
Bern · Stuttgart · Wien

Prof. Dr. Patricia Holm, Professorin für Ökologie und Leiterin des Programms «Mensch Gesellschaft Umwelt» MGU an der Universität Basel. Fische in ihrer Bedeutung für den Menschen stehen bei ihrer Lehre und Forschung im Zentrum.

Die Herausgabe dieses Buches wurde durch Beiträge folgender Institutionen ermöglicht:

Lotteriefonds Kanton Basel-Land
Lotteriefonds Kanton Bern
Hippocrate Stiftung
fish4future® – für eine Zukunft mit Fischen, Oberwil, Schweiz
www.dolphinswimmer.org, Schwimmen für die Meere und ihre Bewohner
E. E. Zunft zu Fischern, Basel
Focab GmbH, Basel, Schweiz
Ice-co GmbH – Iceland Responsible Fisheries, in partnership with Ice-co Switzerland
Tafelgesellschaft zum Goldenen Fisch, Netz 08, Basel und Umgebung, Gastronomen und Netzmeister
AMICALE BALOISE DES CHEFS DE CUISINE (ABCC); Basel, Schweiz

Gestaltung und Satz: pooldesign.ch
Lektorat: Claudia Huber, D-Erfurt

1. Auflage: 2010

Bibliografische Information der *Deutschen Nationalbibliothek:*
Die Deutsche Nationalbibliothek verzeichnet diese Publikation in der Deutschen Nationalbibliografie; detaillierte bibliografische Daten sind im Internet über http://dnb.d-nb.de abrufbar.

ISBN 978-3-258-07609-6

Printed in Germany

Dieses Buch ist klimaneutral gedruckt mit myclimate.

Mix
Produktgruppe aus vorbildlich bewirtschafteten Wäldern, kontrollierten Herkünften und Recyclingholz oder -fasern
Product group from well-managed forests, controlled sources and recycled wood or fibre
www.fsc.org Zert.-Nr. SGS-COC-004238
© 1996 Forest Stewardship Council

www.haupt.ch

Inhalt

1

Was macht den Fisch zum Fisch?

1

Klassifizierung

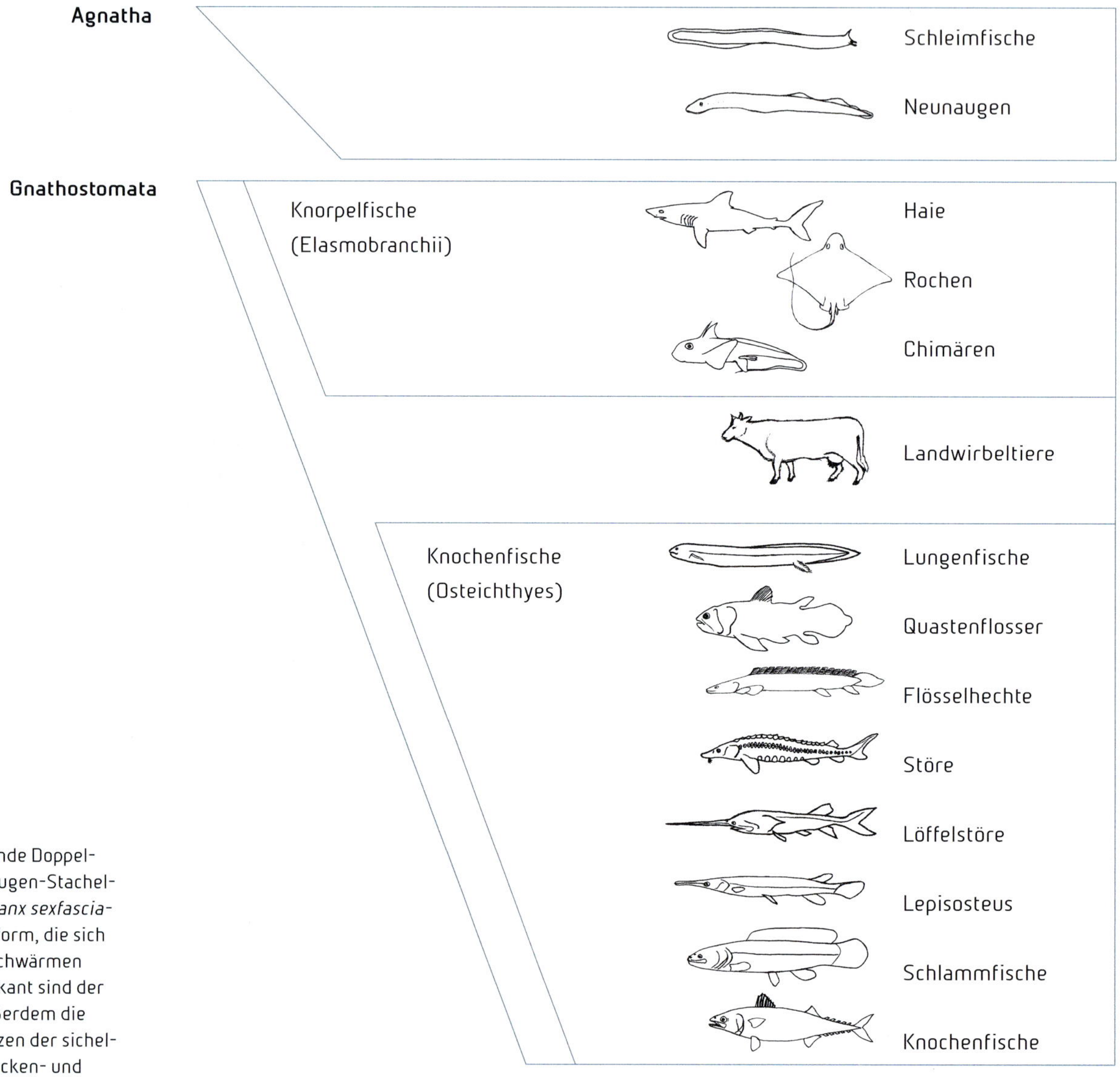

2

1 Vorhergehende Doppelseite: Großaugen-Stachelmakrele *Caranx sexfasciatus,* Jugendform, die sich zu großen Schwärmen vereint. Markant sind der Habitus, außerdem die weißen Spitzen der sichelförmigen Rücken- und Afterflosse.

2 Verwandtschaftsbeziehungen der heute lebenden Fischgruppen (nach: Nelson, 2006).

Was ist ein Fisch? Eine einfache Frage, aber gar nicht so einfach zu beantworten. Die typische Spindelform, paarige Flossen, die mit Schuppen ausgestattete Haut, eine Schwimmblase und das Leben im Wasser sind Merkmale, die spontan genannt werden. Doch jeder kennt den Aal, der durch schlangenartige Form und Bewegung vom Grundtypus abweicht. Die meisten von uns haben schon einmal fasziniert vor einem Aquarium gestanden, in dem bizarre Falterfische (Chaetodontidae) oder Seepferdchen (Hippocampinae) geschickt zwischen Korallenstöcken manövrieren – auch sie stark verschieden von der genannten Spindelform. Bis ins 16. Jahrhundert wurden dementsprechend die meisten wasserlebenden Tiere als Fische beschrieben, einschließlich der Wale, Flusspferde, Krokodile, Krebse und Seesterne.

Heute unterscheidet man die kieferlosen Fische, zu denen die Schleimfische und Neunaugen gehören, von den kieferbesitzenden. Den Kieferlosen (Agnatha) fehlen, wie der Name schon sagt, Kiefer, außerdem sind im Gleichgewichtsorgan des Innenohrs nur ein oder zwei Bogengänge ausgebildet. Trotz dieser Gemeinsamkeiten sind sie vielleicht nicht näher miteinander verwandt, da sie sich in vielen anderen Charakteristika sehr deutlich unterscheiden. Die kieferbesitzenden Tiere (Gnathostomata) sind entwicklungsgeschichtlich eher als einheitliche Gruppe anzusehen und zeichnen sich durch den Besitz echter Kiefer aus, die aus den Kiemenbögen hervorgegangen sind. Zu ihnen gehören übrigens auch alle weiteren Wirbeltiere, also Amphibien, Reptilien, Vögel und Säuger. Die kiefertragenden Fische, die die Knorpelfische (Chondrichtyes) und Knochenfische (Osteichthyes) umfassen, stellen mit knapp 28 000 beschriebenen Arten die vielfältigste und artenreichste Gruppe der Gnathostomata. Jedes Jahr werden zirka 100 neue Fischarten beschrieben, und die Gesamtartenzahl wird auf 32 500 geschätzt.

Fische	28 000
Amphibien	6 300
Reptilien	7 400
Vögel	9 500
Säugetiere	4 600

Tabelle 1: Artenzahlen kieferbesitzender Tiere

Die bekannten Fischarten können klassifiziert, also in sinnvolle Gruppen zusammengefasst werden, die die Verwandtschaft zwischen ihnen widerspiegeln. Farbmuster sind häufig entstanden, können allerdings selbst innerhalb einer Art sehr verschieden sein, eignen sich also nicht für die Feststellung von Verwandtschaftsbeziehungen. Manche Charakteristika sind mehrmals unabhängig voneinander entstanden, andere Merkmale haben sich sekundär zurückgebildet, beispielsweise die Knochen bei den Haien. Durch den Einsatz neuer molekularer Werkzeuge, die zum Beispiel den DNA-Anteil berücksichtigen, der in Arten ähnlich ist, kann die Divergenz zu gemeinsamen Vorfahren festgestellt werden. So ergeben sich Neupositionierungen, Klassifikationen sind also nicht endgültig.

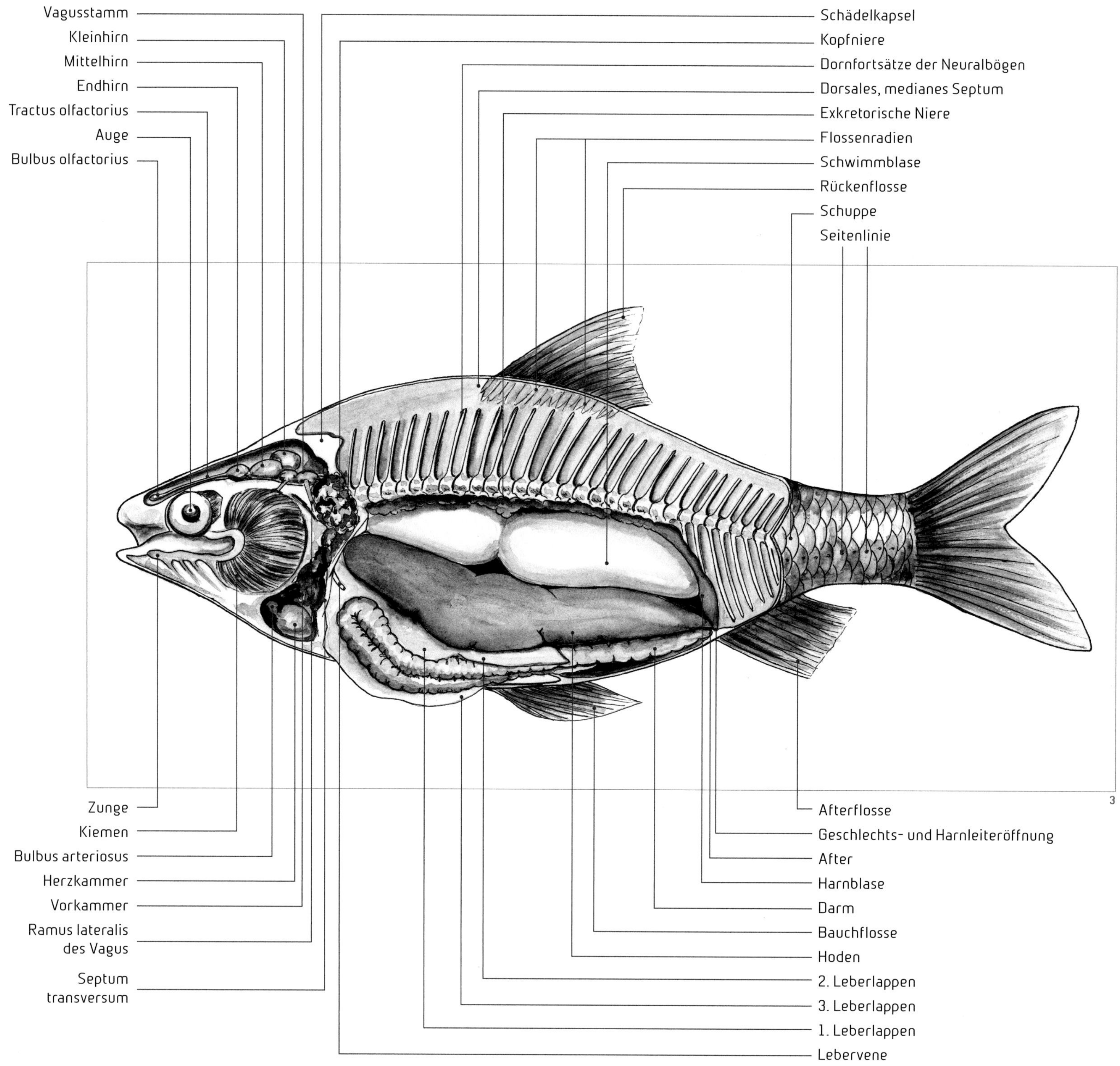

3 Situs Plötze *Rutilus rutilus* (nach: Storch & Welsch, 2009, S. 363).

Flossen

4

4 Der Kupferbinden-Pinzettfisch *Chelmon rostratus* lebt wie 90 Prozent der Falterfische im tropischen Indopazifik. Schwanz-, Rücken- und paarige Flossen werden für langsames Schwimmen und präzises Manövrieren eingesetzt.

5

5 Die Fettflosse einer Bachforelle *Salmo trutta fario* gibt immer noch Rätsel auf: Sie könnte der Hydrodynamik dienen, aber auch sensorische Funktionen haben.

6 Der Anglerfisch *Antennarius commersoni* trägt eine Angel mit Köder, die eine Umbildung des ersten Rückenflossenstrahls darstellt.

7 Die Brustflossen des Anglerfischs sind umgewandelt und dienen zur Abstützung und Fortbewegung, daher rührt auch der Ordnungsname «Armflosser».

Fische sind charakterisiert durch die Ausbildung ihrer paarigen Extremitäten als Flossen und den lebenslangen Besitz von Kiemen als Atmungsorganen. Zunächst zu den Flossen: Die meisten Arten besitzen paarige Brust- und Bauchflossen sowie unpaare Rücken-, After-, und Schwanzflossen. Form und Aufbau der Flossen unterscheiden sich je nach Lebens- und Fortbewegungsweise erheblich. Sie dienen in erster Linie als Antriebs- und Stabilisierungsorgan. Haie können die Flossen nicht anlegen, nur kippen. Bei den meisten Knochenfischen können die Flossen zusammengefaltet werden, um beispielsweise den Widerstand in der Rückholphase zu verringern. Sie haben mehr oder weniger flexible Flossenstrahlen, an deren Basis Muskeln ansetzen, sodass die Flossen gut koordiniert bewegt werden können. Flossen werden verschiedentlich abgewandelt, die Knurrhähne (Triglidae) beispielsweise setzen einzelne Flossenstrahlen zum Abtasten des Untergrunds ein. Bei einigen Arten, darunter Skorpionsfische (Scorpaeninae), stehen Flossenstrahlen in Verbindung mit Giftdrüsen, sodass bei einem Stich Gift injiziert wird.

In Lebensräumen mit starker Strömung, sei es in Gebirgsbächen oder im Gezeitenbereich, sind Brust- oder Bauchflossen gelegentlich zu Saugnäpfen umgebildet, beispielsweise bei Grundeln der Gattung *Cryptocentrus*. Manche bodenlebenden Anglerfische (Antennariidae) haben pfotenförmige Brust- und Bauchflossen. Schlammspringer *Periophthalmus* benutzen Flossen zur Fortbewegung an Land, sie können aber auch mittels Schwanzschlägen vom Boden abstoßend Luftsprünge ausführen (Name!). Bei Welsen, Salmlern und Lachsartigen befindet sich zwischen Rücken- und Schwanzflosse eine Fettflosse. Sie enthält keine Flossenstrahlen und hat vermutlich hydrodynamische Aufgaben, die die Schwimmeffizienz besonders in schnell fließenden und turbulenten Gewässern erhöhen.

Die Knorpelanteile in den Flossen der Haie, die beim Kochen eine gallertige Konsistenz annehmen, haben diesen Tieren das Unglück beschert, als Delikatesse zu gelten.

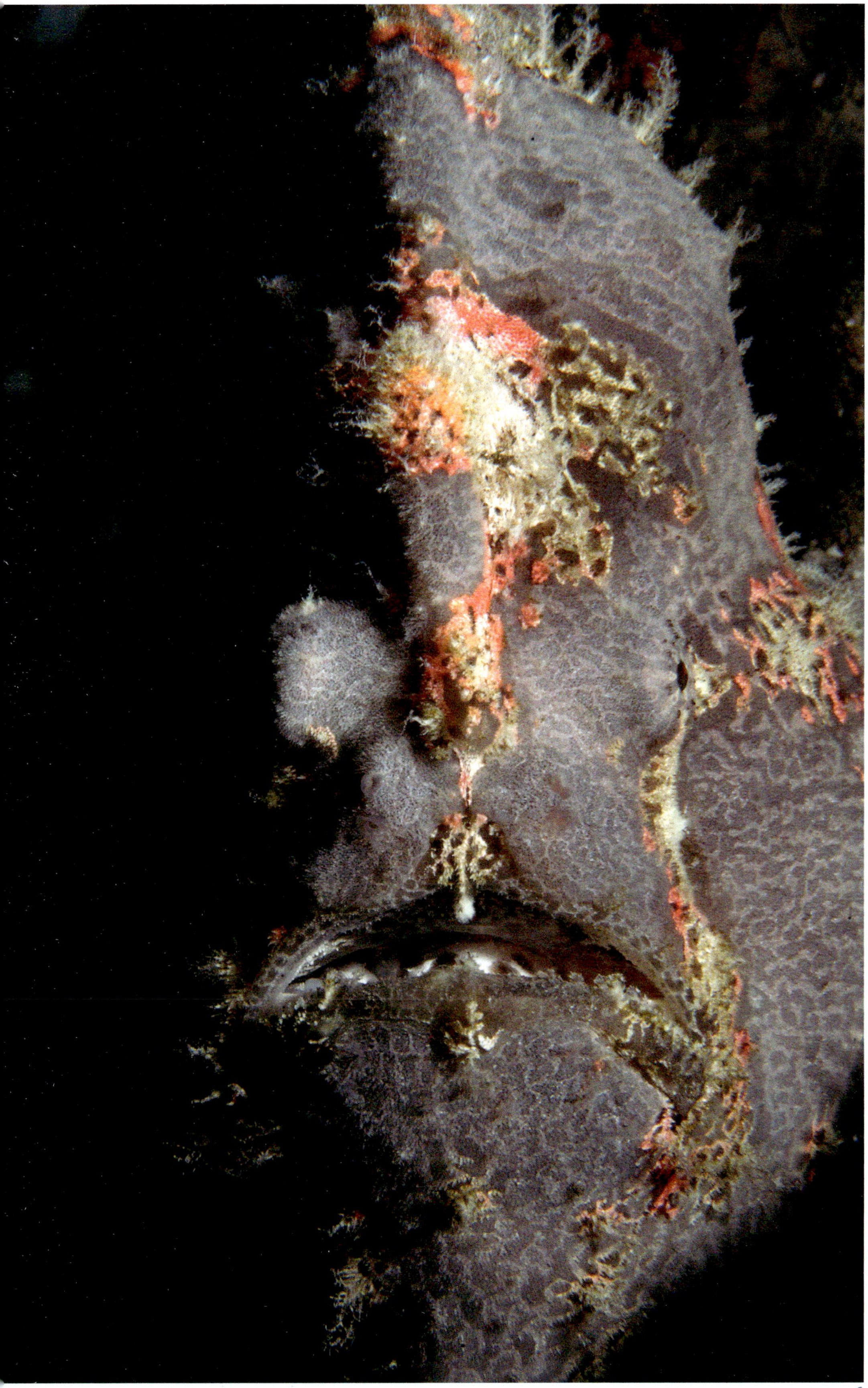

6

7

Haifischflossensuppe – «fein» oder: «muss das sein»?

Beim sogenannten «finning» werden den Haien die Flossen abgeschnitten und die noch lebenden Tiere wieder ins Wasser zurückgeworfen, wo sie dann sterben. Die Flossen werden getrocknet und für die Haifischflossensuppe, ein klassisches Gericht der chinesischen Küche, gekocht. Die Knorpelsubstanz der Flossen löst sich dabei in Fasern auf, die Glasnudeln ähneln. Diese an sich geschmacklosen Bestandteile sollen die Lebenskraft und die inneren Organe stärken. Die Nutzung der Haiflossen nimmt weltweit zu, gegen 100 Millionen Haie werden pro Jahr gefangen. Mittlerweile sind mehr als 125 Staaten in Fang und Handel involviert und exportieren die Flossen nach Ostasien, wo Spitzenpreise von 700 US-Dollar pro Kilogramm gezahlt werden. Der Fang von Haien für die Herstellung der Haifischflossensuppe stellt für verschiedene Haiarten die größte direkte Bedrohung dar, zwanzig Arten sind dadurch vom Aussterben bedroht. Bis jetzt ist es nicht gelungen, die besonders bedrohten Haiarten unter Schutz zu stellen.

8

8 Der Wächtergrundel *Cryptocentrus sp.* lebt mit Knallkrebsen der Gattung Alpheus zusammen und wacht vor der Höhle, während der Krebs grabend nach Nahrung sucht. Die Bauchflossen sind zu einem Saugnapf umgebildet.

9 Der Teufelsfisch *Inimicus didactylus,* einer der giftigsten Fische überhaupt, tarnt sich als Schneckenhaus vor Räubern, richtet bei Annäherung seine Flossen zu Schreckgebärden auf und schreitet auf den Brustflossenstrahlen.

Schuppen und Haut

Ein anderes, typisches Merkmal sind die Schuppen, die sehr verschieden gestaltet sein können, bei manchen Fischen auch rückgebildet werden. Diese Knochenplättchen stecken in Taschen einer Hautschicht, der Epidermis, und überdecken sich dachziegelartig. Diese meist sehr dünne, kaum sichtbare Gewebeschicht ist empfindlich und kann durch Berührung leicht beschädigt werden.

Da die Schuppen mitwachsen wenn der Fisch größer wird, zeigen sie, wie ein Baumquerschnitt, Wachstumsringe (außer bei den Knorpelfischen), sodass an ihnen auch das Alter ermittelt werden kann. Zudem bieten Schuppen einen gewissen Schutz vor Räubern. Vermutlich, um Gewicht und Widerstand zu reduzieren, haben Fische in fließenden Gewässern und schnell schwimmende Arten meist kleine, zarte Schuppen. In ruhigeren Gewässern oder bei Arten, die selten schnell schwimmen, sind die Schuppen kräftiger. In der Evolution verlief die Entwicklung wohl von schweren, großen hin zu leichten Schuppen. Kammartige Fortsätze auf bestimmten Schuppentypen reduzieren den Widerstand im Wasser.

Bei Haien wird der Körper von Schuppen bedeckt, die in Form und Aufbau Zähnen gleichen und nach oben oder nach hinten gerichtete Dornen aufweisen (Placoidschuppen). Das führt zu einer Rauigkeit der Oberfläche, die die hydrodynamische Effizienz erhöht und das Aufwachsen von anderen Organismen verhindert. Am Kieferrand sind die Placoidschuppen als kräftige Zähne ausgebildet, die dauernd von innen her erneuert werden (Revolvergebiss). Manche Arten verlieren und ersetzen ihre Zähne fast wöchentlich, andere, wie der Zigarrenhai *Istius*, einige Male pro Jahr. Dieser hat ein besonders eigentümliches Recycling entwickelt, er verschluckt die zu ersetzenden Zahnreihen komplett! Bei einigen Arten sind die Schuppen respektive die Zähne stark abgewandelt. Bei Rochen sind sie weitgehend rückgebildet oder zu Stacheln umgeformt (Stachelrochen).

9

Die Haihaut – nützliche Erfindung der Natur: für Olympiaschwimmer, zur Treibstoffeinsparung und als Bio-Anti-Fouling

Die Dornen der Placoidschuppen sind so auf der Haihaut angeordnet, dass sie Rillen bilden, die in Strömungsrichtung verlaufen. Auf diese Weise wird die Wirbelbildung und damit der Widerstand verringert – ein wesentlicher Faktor für den Aufwand, der bei der Fortbewegung im Wasser und in der Luft erbracht werden muss. Dieses Vorbild der Natur wird seit einiger Zeit vom Menschen erfolgreich nachgeahmt. Folien mit derartigen Strukturen vermindern bei Flugzeugen den Treibstoffverbrauch um drei Prozent. Und ein Schwimmer in einem Anzug, der mit einer der Haihaut ähnlichen Oberfläche ausgestattet ist, kann die 100-Meter-Strecke um 1,5 Sekunden schneller bewältigen als ein gleich starker Konkurrent. Darüber hinaus behindern solche künstlichen Hautzähnchen die Ansiedlung von Aufsitzerorganismen wie Seepocken und Muscheln an Schiffsrümpfen. Diese unerwünschte, aber sehr verbreitete Erscheinung lässt den Treibstoffverbrauch von Schiffen massiv ansteigen. Bisher wird sie mit sehr giftigen Anti-Fouling-Anstrichen bekämpft, die sich so auf biologische Art ersetzen lassen. Erste Experimente zeigten einen Rückgang des Bewuchses um 67 Prozent.

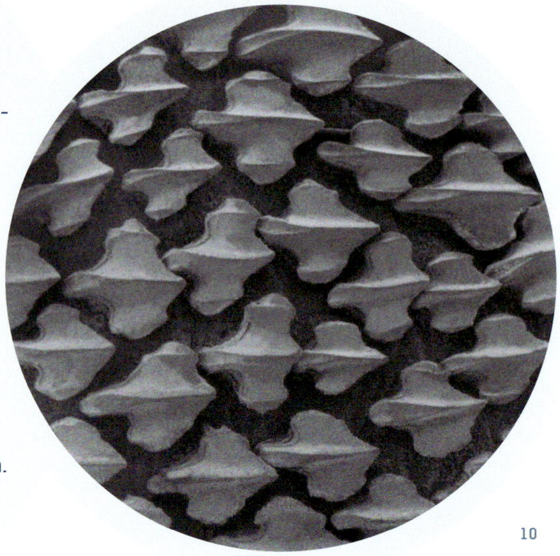

10

11

12

13

Typischerweise ist ein Fisch auch glitschig: Große Zellen in der Epidermis sondern Schleim ab, eine visköse Substanz, die verschiedene Funktionen erfüllt. So wird der Fisch durch die Schleimschicht physikalisch und chemisch vor Verletzungen und vor dem Eindringen von Krankheitserregern geschützt, und die Durchlässigkeit für Wasser und Salze wird reguliert.

Ganz wichtig ist für verschiedene Fische die Haut als Atmungsorgan. Während der Mensch eine vergleichsweise dicke, verhornte Haut besitzt, durch die nur 1,5 Prozent des insgesamt aufgenommenen Sauerstoffs in den Körper eintritt, macht die Aufnahme durch die Haut bei Fischen bis zu 30 Prozent aus, beim zeitweise auf Mangrovenbäumen lebenden Schlammspringer sogar fast 40 Prozent. Viele Fischlarven atmen ebenfalls vorwiegend über die Haut. Sie haben im Vergleich zu ihrem Volumen eine ausreichend große Körperoberfläche, und die Kürze der Diffusionswege ist für den kompletten Austausch über die Haut ausreichend. Zudem sind die Kiemen oft noch nicht vollständig ausgebildet.

Auch bei der Tarnung spielt die Haut eine wichtige Rolle: Ihre Färbung ermöglicht dem Fisch das optische Verschmelzen mit dem Hintergrund, wie es uns von den Plattfischen (Pleuronectiformes) vertraut ist. Ursache dafür sind die Chromatophoren, Zellen in der Haut, die Pigmente beinhalten und durch Nerven oder Hormone stimuliert werden. Je nach Stimulierung werden die Pigmente in den Zellen konzentriert oder ausgebreitet, wodurch die Farbe des Pigments entweder reduziert oder intensiviert wird. Lagen mehrerer pigmenthaltiger Zellen bauen verschiedene Farbmuster auf. Andere Zellen, Iridophoren genannt, sind für die silbrige Färbung vieler Fische verantwortlich. Sie spielen auch eine Rolle bei dem als Gegenschattierung bezeichneten Phänomen, mit dem die Fische an ihre Umgebung angepasst sind: Die Unterseite vieler Fische, vor allem solcher, die im Freiwasser des Meeres (Pelagial) unterwegs sind, ist hell oder silbrig glänzend, während die Oberseite eher dunkel ist. Wenn ein von unten kommender Räuber nach oben schaut, sieht er die helle Wasseroberfläche. Ein über ihm schwimmender Fisch, der ihm den hellen Bauch zeigt, verschwimmt also perfekt damit. Der umgekehrte Effekt tritt ein, wenn ein Räuber von oben kommt: Er kann den dunklen Rücken des Fisches gegen das Dunkel der lichtlosen Tiefe nicht auflösen. Besonders raffiniert verwendet der Zigarrenhai diese Tarnmöglichkeit: Durch einen dunklen Ring um seinen Hals erscheint er für von unten angreifende größere Haie wie zwei kleinere Beutefische. Wenn diese auf ihre vermeintliche Beute zuschwimmen, kann der Zigarrenhai angelockte Haie überraschen und große Hautstücke aus ihrer Seite herausbeißen (den dabei entstehenden «Cookie-like»-Wunden verdankt er seinen englischen Namen: Cookiecutter shark, so viel wie «Plätzchenstecher-Hai»).

10 Die Placoidschuppen des Dornhais *Squalus acanthias* (Quelle: Storch & Welsch, 2004, S. 579)

11 Silberspitzenhai *Carcharhinus albimarginatus* mit kleinem Schiffshalter, der Hai im Hintergrund ist vermutlich ein Grauer Riffhai *Carcharhinus amblyrhynchos*.

12 Der Schlammspringer *Periophthalmus* nutzt auch die Haut zur Atmung. Dank eines Saugnapfs, der von den Bauchflossen gebildet wird, kann er sich an Land fortbewegen und sogar Bäume erklimmen.

13 Eine Schuppe von *Arapaima gigas*.

Kiemen und Schwimmblase

Für Fische ebenfalls bezeichnend sind die Kiemen. Sie sitzen an den Kiemenbögen, die die Ränder der Kiemenspalten begrenzen. Von den Kiemenbögen gehen die Kiemenfäden ab, an diesen sitzen in Stapeln angeordnete, reich durchblutete Blättchen. Nach außen sind die Kiemen durch den Kiemendeckel und die bauchseitige Opercularmembran geschützt. Sie dienen der Atmung, der Ausscheidung von Exkreten und der Osmoregulation. Bei den meisten Fischen gewährleistet eine mehrphasige Pump- und Saugbewegung von Mund und Kiemendeckeln die ständige Durchströmung der Kiemen in einer Richtung. Dies ist besonders wichtig, da der Fisch im Vergleich zum Landtier eine viel größere Menge Wasser durch die Kiemen schleusen muss, um die gleiche Menge Sauerstoff aufnehmen zu können wie ein Landtier bei der Luftatmung. Dafür verantwortlich ist die Tatsache, dass im Wasser weniger Sauerstoff vorhanden ist als in der Luft. Mit zunehmender Erwärmung des Wassers kann außerdem weniger Sauerstoff gelöst werden, der Sauerstoffgehalt nimmt also ab. Zudem ist Wasser ein dichtes, zähflüssiges Medium, weshalb die Diffusion der Gase im Wasser wesentlich langsamer erfolgt als in der Luft. Der aktiven Ventilation kommt daher eine große Bedeutung zu. Dementsprechend wendet der Fisch für die Ventilation, also den Transport von sauerstoffreichem Wasser zum respiratorischen Epithel, 15 bis 30 Prozent der Arbeitsleistung des Ruheumsatzes auf – beim Menschen sind es nur etwa drei Prozent.

Fische haben weitere effiziente Mechanismen entwickelt, um die Herausforderung des Gasaustauschs im Wasser zu bewältigen: die Oberflächenvergrößerung und das Gegenstromprinzip. Bei diesem Prinzip strömt das Wasser in entgegengesetzter Richtung durch die Kiemen als das durch die anliegenden Blutgefäße fließende Blut. Dadurch kann im Idealfall ein Konzentrationsausgleich des Sauerstoffs zwischen Blut und Wasser erzielt werden. In der Realität wird dies nicht

14

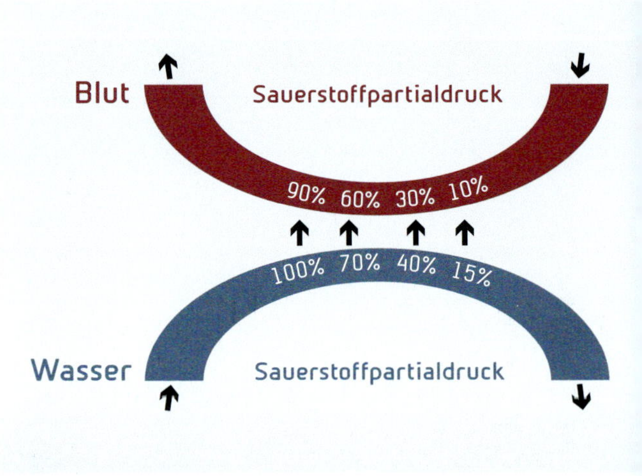

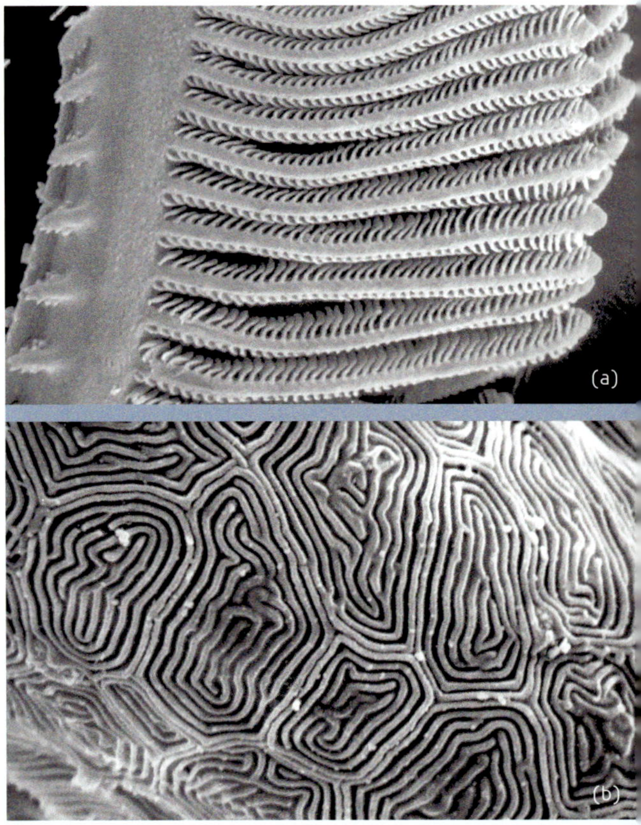

15

14 Gegenstromprinzip in der Fischkieme.

15 (a) Kiemenbogen (links im Bild) mit rechtwinklig abgehenden Kiemenfäden und daran die Kiemenblättchen,
(b) Oberfläche von Kiemenepithelzellen mit Falten, die durch die Zellmembranen gebildet werden.

16 *Arapaima gigas* nutzt zusätzlich Luftsauerstoff zur Atmung. Er ist der größte schuppentragende Süßwasserfisch der Welt und kann bis vier Meter lang werden.

16

ganz erreicht, aber dem Wasser können immerhin 70 bis 80 Prozent des Sauerstoffs entzogen werden. Die Vergrößerung der atmungsaktiven Oberfläche wird beim Fisch durch verschiedene Einrichtungen bewerkstelligt: An den Kiemenfäden sitzen die Kiemenblättchen, wodurch die Fläche der Kiemen die Oberfläche des Körpers um das 60-fache übertreffen kann. Die Epithelzellen auf den Kiemenblättchen tragen darüber hinaus kleine Falten an ihrer Außenfläche und vergrößern so die atmungsaktive Oberfläche nochmals.

Kiemen funktionieren allerdings nur im Wasser! An der Luft verkleben die dünnen Kiemenblättchen, und die Fische ersticken. In sauerstoffarmen Gewässern und bei Fischen, die zeitweise das Wasser verlassen, müssen also andere Wege gefunden werden, um einen ausreichenden Gasaustausch zu gewährleisten. Vielleicht begann es mit Luftschnappen der Fische an der Wasseroberfläche bei Atemnot. Luft sammelte sich in Aussackungen des Vorderdarms an, und aus diesen heraus konnte Sauerstoff durch die dünnwandige Schleimhaut des Darms ins Blut diffundieren. Diese Luftsäcke entwickelten sich dann bei Knochenfischen zu einem Lungen-Schwimmblasen-Organ. Lungenfische (Dipnoi) und Schlammfische (Amia) besitzen und nutzen diese Lungen noch heute als zusätzliches Atemorgan. Einige Arten sind obligate Luftatmer, zum Beispiel der Pirarucu *Arapaima gigas*, einer der größten Süßwasserfische. Er lebt in den oft sauerstoffarmen Gewässern des Amazonasbeckens und muss Sauerstoff aus der Luft in die Luftblase aufnehmen. Andere Fische setzen gewissermaßen alle Hebel in Bewegung, wenn sie außerhalb des Wassers unterwegs sind, beispielsweise der Europäische Aal *Anguilla anguilla,* wenn er seine recht ausgedehnten Wanderungen über Land unternimmt. Dies geschieht vorwiegend nachts, wenn die Umgebung feucht ist. Nun, wie kommt das Tier dann an den benötigten Sauerstoff? Die Kiemen können den Bedarf nur noch zu etwa 35 Prozent decken, mehr als 50 Prozent liefert die Hautatmung, der Rest wird aus der Schwimmblase gedeckt.

Luft in den Lungen zu haben, gibt Auftrieb, wie jeder von uns es beim Schwimmen oder «Toter-Mann-Spielen» schon selbst erfahren hat. Es liegt also nahe, dass Fische diese Möglichkeit nutzen, um ihr spezifisches Gewicht

Der Granatbarsch – heiß begehrt und stark bedroht

Der Granatbarsch (engl. Orange Roughy) *Hoplostethus atlanticus* ist eine erst seit etwa dreißig Jahren fischereilich genutzte Art. Er lebt an den Abhängen der Kontinentalschelfe in 700–1500 Meter Tiefe. In seinen Knochen, der Haut und der Gehirnkapsel speichert er Wachsester, die auch als Schmieröl, in der Pharmazeutik, Leder- und Textil- sowie der Kosmetikindustrie genutzt werden. Auch als Speisefisch ist er sehr geschätzt und erzielt hohe Preise. Da er erst mit 30 Jahren geschlechtsreif wird, nur eine geringe Zahl an Nachkommen produziert und sehr langsam wächst – er kann 120 Jahre alt werden – ist er durch eine intensive Befischung besonders bedroht und steht bereits auf der Roten Liste. Innerhalb von 20 Jahren sank die Biomasse dieser Art um Neuseeland auf 20% des Ausgangsniveaus.

17

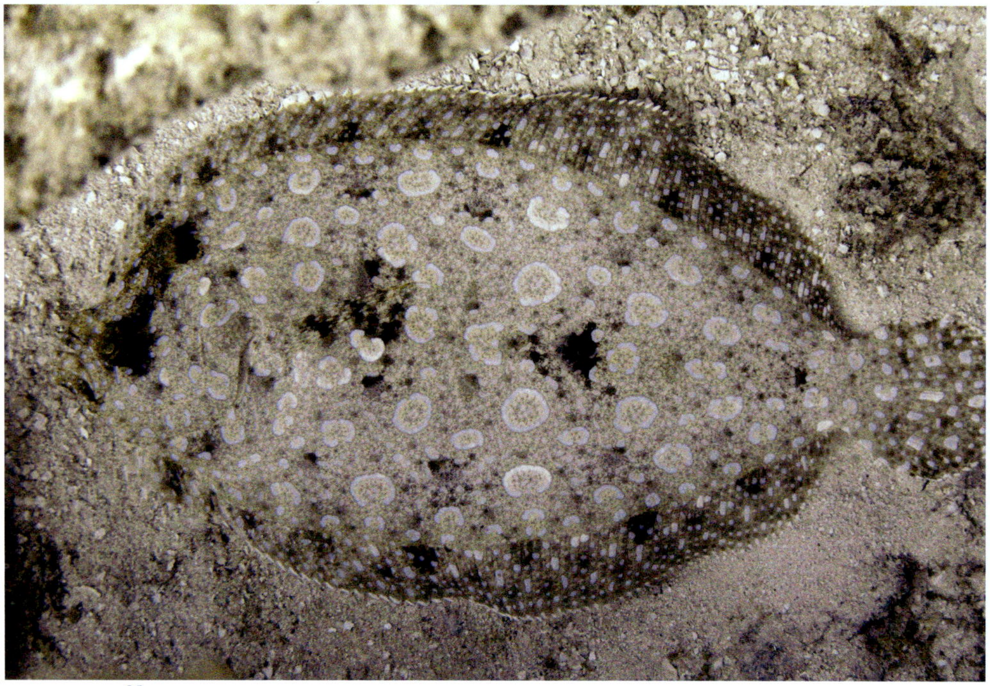

18

zu verringern und so im Wasser zu schweben. Dementsprechend hat sich aus den Luftsäcken die Schwimmblase entwickelt, die als dorsale Ausstülpung des Darms unter der Wirbelsäule angesiedelt ist. Der Verbindungsgang zwischen Darm und Schwimmblase bleibt bei einigen Fischen lebenslang erhalten. Das hat den Vorteil, dass beim Auftauchen, wenn der Umgebungsdruck abnimmt und sich das Volumen des Gases in der Schwimmblase ausdehnt, Gas über den Darm abgegeben werden kann – die Oberfläche des Meeres «brodelt» dann förmlich, wenn ein Netz mit vielen solchen Fische herausgezogen wird. Ein Großteil der Arten, vor allem marine, gibt jedoch die Verbindung zwischen den beiden Organen im Laufe der Entwicklung auf (Physoclisten, zum Beispiel Dorsche, Barsche). Wenn diese Fische daher aus großer Tiefe heraufgeholt werden, dehnt sich die Schwimmblase enorm aus und die Eingeweide werden aus dem Maul gedrückt («Trommelsucht»). Wie können nun solche Fische die Schwimmblase normalerweise leeren oder füllen? Die erste Füllung geschieht meist noch über das Schlucken von Luft, da der Gang zwischen Darm und Schwimmblase erst im Laufe des Wachstums zurückgebildet wird. Später kann dann eine Gasdrüse in der Wand der Schwimmblase Gas aus den eng anliegenden Blutgefäßen an die Schwimmblase abgeben. Dazu ist ein sogenanntes Wundernetz ausgebildet, das nach dem Gegenstromprinzip funktioniert. Damit der Fisch Gas aktiv aus der Schwimmblase ins Blut abgeben kann, liegen Kapillaren an bestimmten Stellen eng der Schwimmblase an, und aufgrund des Partialdruckunterschieds zwischen Blase und Gefäß (deutlich geringere Gaskonzentration in den Blutgefäßen) diffundiert das Gas leicht ins Blut und nach dem Transport in die Kiemen rasch ins Wasser. Auch nicht trivial ist die Herausforderung, Gas überhaupt in der Schwimmblase zurückzuhalten: Die Wand muss dünn sein, dabei

19

17 Diese Granatbarsche (Orange Roughy) *Hoplostethus atlanticus* wurden im Rahmen einer neuseeländischen Forschungsreise an einem kleinen Unterwasserberg in 900 m Tiefe fotografiert.

18 Plattfische haben sich an den sandigen oder schlammigen Untergrund angepasst und liegen auf dem Substrat. Sie sind durch ihre Pigmentierung optimal getarnt.

19 Viele Welse können Luft schlucken. Dank der sogenannten Darmatmung können sie auch Sauerstoff über die reich durchblutete Darmwand aufnehmen.

doch undurchlässig für Gase und dehnbar, um der Volumenausdehnung bei nachlassendem Druck zu begegnen. Die Durchlässigkeit ist tatsächlich 100-mal geringer, als wenn die Wand aus normalem Bindegewebe bestehen würde. Die weitgehende Impermeabilität wird durch die Imprägnierung mittels einer Schicht silbrig glänzender Guaninkristalle erreicht, die umso dicker ist, je tiefer der Fisch lebt.

Damit die Fische schweben, werden auch andere Auftriebshilfen genutzt. Einige Fische, die nicht ständig zwischen verschiedenen Tiefen wechseln, lagern verstärkt Fette und Öle im Körper ein. Oft werden zusätzlich die schweren Skelettanteile des Körpers und der Proteinanteil der Muskulatur verringert – das Fleisch wirkt dann weich und wässrig. Lipide und Öle sind zudem voluminös. Aufgrund der großen Ölmenge in der Leber mancher Haie kann das Gewicht dieses Organs bis 25 Prozent des Körpergewichts ausmachen, während es bei den meisten anderen Tieren, ebenso wie bei dem Menschen, nur zwischen vier bis sechs Prozent beträgt. Beim Quastenflosser *Latimeria* stellen Lipide 30 Prozent des Gewichtanteils der Bauchmuskulatur und 60 Prozent der Schwimmblase; Lipide sind außerdem in der Herzwand und in den Schädelknochen eingelagert. Andere Fische haben die Schwimmblase reduziert und müssen ständig schwimmen, sie sorgen durch Bewegung für Auftrieb, um oben zu bleiben. Für eine 25 Gramm schwere Makrele *Scomber* bedeutet das, dass sie beim Schwimmen zeitlebens eine sechsprozentige Steigung zu bewältigen hat.

Wasser- und Salzhaushalt

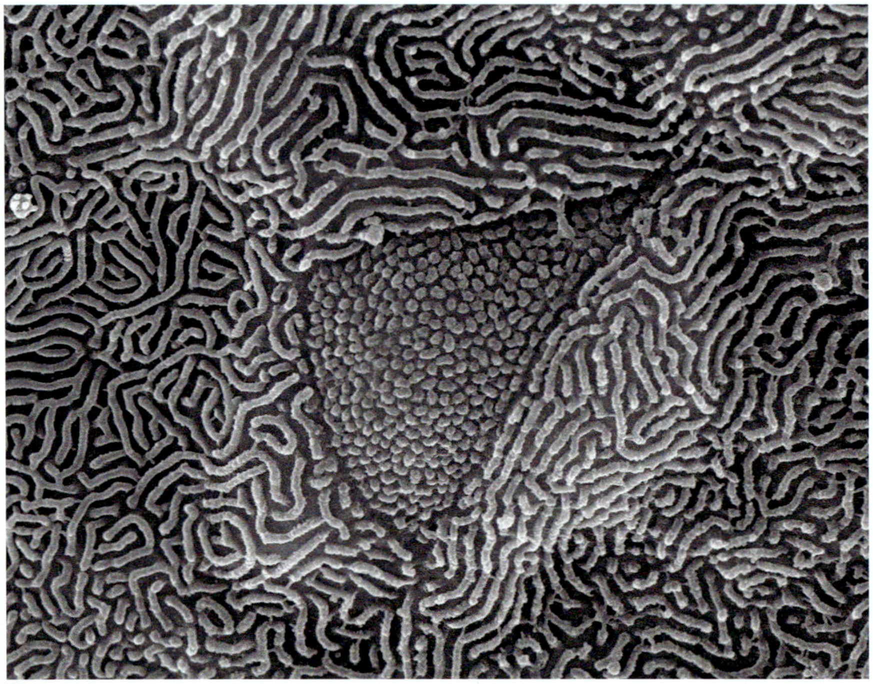

20

Je nach Lebensraum schwimmen Fische in Wasser, das entweder weniger oder deutlich mehr Salze enthält als ihre Körperflüssigkeit. Da große Anteile ihrer Körperoberfläche wie Schleimhaut und Kiemen für Wasser durchlässig sind, tendiert das Wasser zum Konzentrationsausgleich. Fische im Meer verlieren also ständig Wasser an die Umgebung. Im Süßwasser hingegen strömt Wasser in den Fischkörper ein. Eine Ionen- und Osmoregulation, also das Konstanthalten des inneren Milieus im Hinblick auf die Konzentration an Wasser, Salzen, Säuren und Basen, ist deshalb erforderlich. Um dem osmotischen Einstrom oder Ausstrom von Wasser entgegenzuwirken, haben die Fische aufwändige Regulationsmechanismen entwickelt, an denen Kieme, Niere und Darm beteiligt sind. Der Fisch setzt für diese Prozesse zwischen 25 bis 50 Prozent seines Energiebudgets ein.

Um den Wasserverlust zu begrenzen, trinken marine Knochenfische Meerwasser in großen Mengen (bis zu 12 Prozent ihres Körpergewichtes pro Tag) und resorbieren das Wasser über die Darmwand in den Körper. Das damit aufgenommene Salz wird aktiv über die Kiemen wieder ausgeschieden. Im Süßwasser liegt das Problem anders: Wasser strömt passiv über Kiemen und Schleimhaut in die Fische ein, das die Tiere wieder loswerden müssen. Sie trinken dementsprechend wenig. Salze bietet ihre Umgebung nur in geringem Maße, dementsprechend sind die Mechanismen zur Aufnahme von Salzen und das Zurückhalten derselben im Körper sehr effektiv. Interessanterweise ist in den Kiemen ein spezieller Zelltyp ausgebildet, der bei marinen Knochenfischen Salz aktiv ausscheiden kann, und, zumindest bei einigen Süßwasserfischen, an der Aufnahme von Salzen beteiligt ist, die Chloridzelle. Ionenpumpen in den Zellmembranen an den verschiedenen Polen der Zelle befördern die Salzionen nach innen oder außen. Die Nieren der Fische zeigen ebenfalls Anpassungen in Struktur und Funktion an den jeweiligen Lebensraum. So geben Süßwasserfische täglich bis zu 30 Prozent ihres Körpervolumens an Harn ab. Marine Knochenfische hingegen besitzen keine oder stark zurückgebildete Filtrationsapparate in ihren Nieren und scheiden kaum Wasser aus. Haie haben andere Mechanismen entwickelt, so haben sie aufgrund eines hohen Harnstoffgehaltes im Blut eine annähernd gleiche Ionenkonzentration wie das umgebende Meerwasser.

Bei zahlreichen Fischen, die zwischen Süß- und Salzwasser wandern, werden die Strukturen während ihrer Wanderung so umgebildet, dass sie sich den gegensätzlichen Anforderungen ihres jeweiligen Milieus anpassen. Damit einher geht bei einigen Fischen auch eine Veränderung im Salzgehalt des Blutes: Die Osmolarität des Blutplasmas (die Anzahl der osmotisch aktiven Teilchen) ist bei Aal, Flunder und Lachs im Meer um 20 Prozent höher, als wenn sie im Süßwasser leben.

20 Die Oberfläche einer Chloridzelle mit kurzen Mikrovilli (Mikrohärchen), umgeben von Kiemenepithelzellen mit kleinen Falten. Form der Mikrovilli und Größe der Oberfläche verändern sich in Abhängigkeit der Umweltbedingungen.

21 Barrakudas erreichen Geschwindigkeiten von 150 km/h.

Fortbewegung

Wir können drei Antriebsformen unterscheiden: Am auffälligsten ist wohl die Fortbewegung mithilfe der Flossen, die rudern, auf und ab schlagen oder undulierende Bewegungen ausführen. Diese Fortbewegungsweise lässt sich zum Beispiel bei den Lippfischen beobachten. Weitaus häufiger setzen Fische zum Vorankommen jedoch die seitlich sich krümmende Bewegung des Körpers ein, meist nur des hinteren Teils, in Kombination mit der Schwanzflosse. Die schnellsten Schwimmer benutzen nur die Schwanzflosse, das ist die effizienteste Form.

Wie können nun auf solche Weise Spitzengeschwindigkeiten von über 100 Kilometer pro Stunde erzielt werden? Schauen wir uns zunächst die Muskulatur an, bevor wir auf den durch sie erzeugten Vortrieb eingehen: Sowohl die Transversalwellen, die dem Körper entlang nach hinten wandern, als auch die oszillierende Bewegung der Schwanzflosse haben ihren Ursprung in der Kontraktion von Muskelblöcken entlang beider Seiten der Wirbelsäule. Diese Muskelblöcke (Myomere) sind segmental angelegt. Bindegewebige Scheidewände (Myosepten), die sich ähnlich einem Blatt Papier nur verbiegen, aber nicht dehnen lassen, trennen sie voneinander. Bei den Knochenfischen sind sie durch zusätzliche Knochen, die Gräten, versteift. An den Myosepten setzen die Muskelfasern an, die in etwa parallel zur Längsachse des Fisches verlaufen. Darüber hinaus werden die bauchseitigen Muskelpakete durch horizontale Septen von den rückenseitigen getrennt. Wenn sich die

21

Myomeren der einen Seite kontrahieren, werden die der gegenüberliegenden Seite gedehnt. Wechseln sich die Kontraktionen beider Seiten ab, resultiert daraus eine schlängelnde Bewegung. So weit zum Prinzip. In der Realität sieht der Fischmuskel jedoch meist noch komplizierter aus: Die Myomeren sind im Querschnitt eher V- oder W-förmig gestaltet und als dreidimensionale Gebilde kompliziert gefaltet und tütenförmig miteinander verschränkt. Man nimmt an, dass so eine optimale Packung erreicht wird, in der sich alle Myomeren mit derselben Geschwindigkeit kontrahieren können und die höchste Effizienz erzielt wird.

22

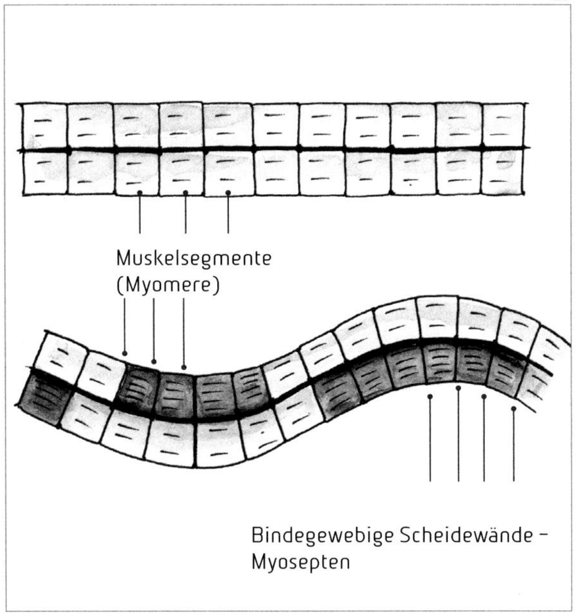

23

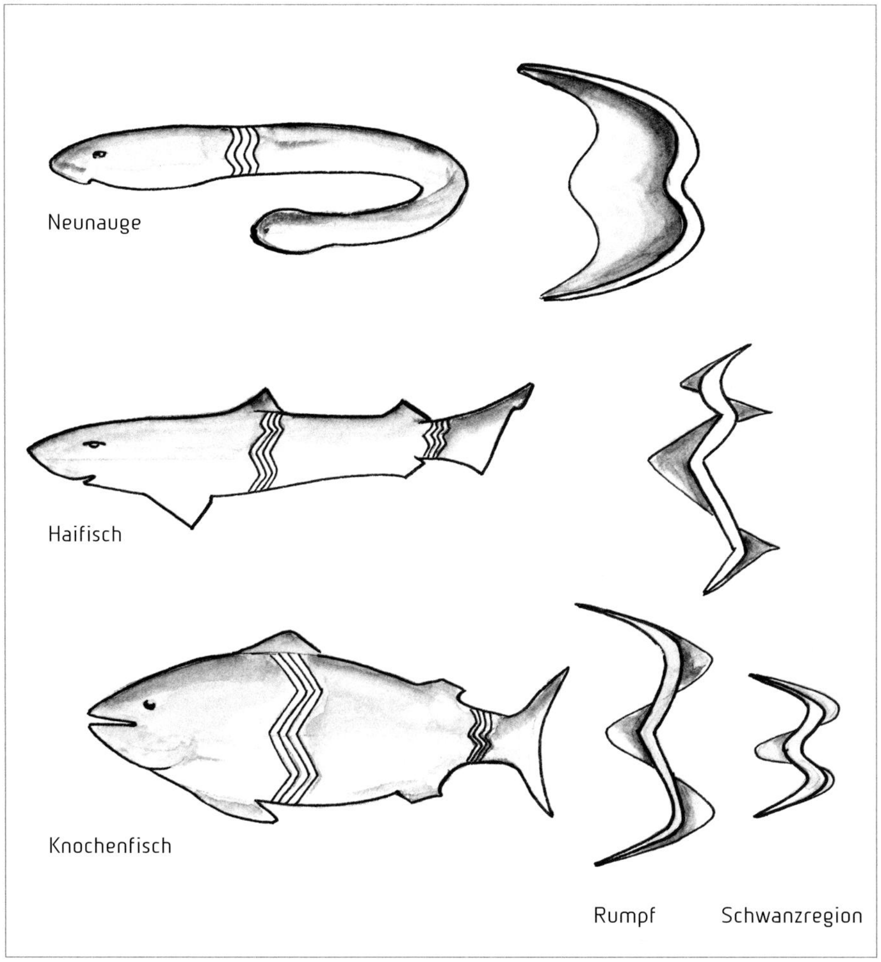

22 Verbiegung eines Körpers mit segmentierten Muskelblöcken (nach: Bone & Marshall, 1985)
23 Myomerenform (nach: Bone & Marshall, 1985)

24

24 Die Nasen- oder Geistermuräne *Rhinomuraena quaesita* bewegt sich mit undulierenden Bewegungen des ganzen Körpers fort.

Muskulatur und Vortrieb

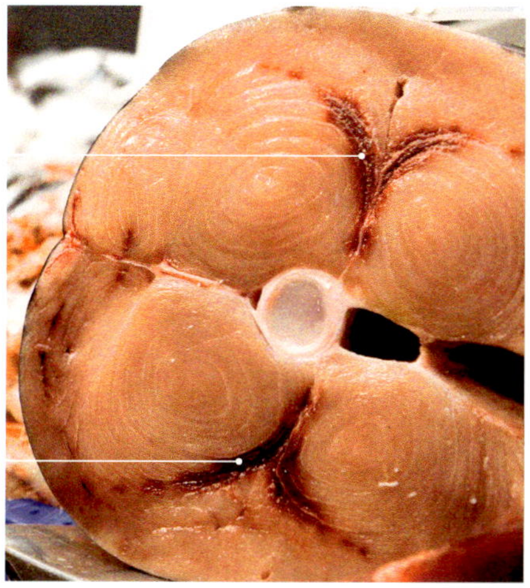
26

27

Ein Fischsteak auf dem Teller ist auch aufgrund seiner Farbe meist schnell als Fisch zu identifizieren: Die Muskulatur ist größtenteils hell, nur am Rand, direkt unter der Haut, und besonders in einem Zwickel auf Höhe der Wirbelsäule sehen wir etwas rote Muskulatur. Anders präsentiert sich ein Thunfisch im Anschnitt: Die Muskulatur ist von dunkler Farbe. In der Tat hat jeder Fisch rote und weiße Muskelfasern – aber woher rührt die Farbe? Die roten Muskelfasern erscheinen aufgrund des hohen Gehalts an Myoglobin (ein rotes Protein, das den Sauerstoff in den Muskeln hält) dunkel. Dieser Anteil der Muskulatur ist beim Dauerschwimmen aktiv. Das Blut kann die Muskulatur ausreichend mit Sauerstoff versorgen, um die sehr effiziente aerobe Atmung zu gewährleisten. Beim Schnellschwimmen hingegen ist die weiße Muskulatur gefordert: Sie arbeitet anaerob und enthält weniger Blutgefäße und Myoglobin. Schon nach ein bis zwei Minuten Aktivität ist sie beim Dornhai *Squalus acanthias* erschöpft, sorgt aber für hohe Geschwindigkeiten. Solches Schnellschwimmen wird hauptsächlich für die Flucht oder schnelles Zustoßen auf Beute eingesetzt, und eine kurzzeitige Aktivität genügt dementsprechend vollauf. Immerhin kann der Katzenhai in zwei Minuten Schnellschwimmen 600 Meter zurücklegen.

Grundel *Gobius sp.*	1
Hering *Clupea harengus*	6
Karpfen *Cyprinus carpio*	6
Hecht *Esox lucius*	7
Forelle *Oncorhynchus sp.*	11,5
Makrele *Scomber sp.*	11
Lachs *Salmo salar*	40
Thun *Thunnus sp.*	70–80
Blauer Marlin *Makaira nigricans*	100
Schwertfisch *Xiphias gladius*	100
Pazifischer Segelfisch *Istiophorus platypterus*	110
Barrakuda *Sphyraena sp.*	150

Tabelle 2: Maximalgeschwindigkeiten, die von Fischen erreicht werden (in km/h)

Betrachten Sie nochmals das Fischsteak auf dem Teller: Sind Fische demnach wohl hauptsächlich Schnellschwimmer, da ja die weiße Muskulatur einen ungleich größeren Anteil des Fleisches einnimmt? Mitnichten! Rote Muskelfasern brauchen so viel Sauerstoff, dass bei

25 Der Baroness-Falterfisch *Chaetodon baronessa* manövriert sich durch Korallenstöcke. Er ernährt sich nur von den Polypen einer Korallengattung.

26 Querschnitt eines Schwertfisches *Xiphias gladius* mit weißer und roter Muskulatur (Pfeile).

27 Thunfischfilet im Anschnitt mit sichtbarer Verzahnung der Myomere und Myosepten.

28

29

28 Eine schwimmende Scholle *Pleuronectes platessa*. Schollen sind vorwiegend nachtaktiv und unternehmen Nahrungswanderungen.

29 Der Schnepfenmesser- oder Rasiermesserfisch *Aeoliscus strigatus* schwimmt kopfüber in Seegraswiesen und versteckt sich zwischen den Stacheln von Seeigeln. Der breite Flossenansatz, mit dem er undulierende Bewegungen ausführt, ist erkennbar.

den meisten Fischen nicht mehr als 15 Prozent der Muskulatur ausreichend damit versorgt werden können. Umgekehrt sind es ebenfalls physikalische Gesetzmäßigkeiten, die den hohen Anteil der weißen Muskelfasern bestimmen: Schnellschwimmen braucht sehr viel Kraft! Durch den hohen Widerstand des Wassers bedingt, ist der benötigte Kraftaufwand für die Verdopplung der Geschwindigkeit achtmal höher als an Land! Die Krafterzeugung ist letztlich durch die Anzahl der Myofilamente und damit die Dicke der Muskeln bestimmt, da bleibt kein Platz für viele Blutgefäße und Mitochondrien zur aeroben Energiegewinnung. Thunfische stellen eine Ausnahme dar: Ihre weißen Muskeln sind stark von Gefäßen durchzogen und enthalten viel Myoglobin – aus diesem Grund weist ein Thunfischsteak also in toto dunkles Fleisch auf!

Wenden wir uns nun der eigentlichen Bewegung der Fische im Wasser zu: Wie kommen diese Tiere voran? Am effizientesten sind die torpedoförmig gebauten Fische, wie die Makrelen, Thune und manche Haie. Hier ist der Körper über einen schmalen Schwanzstiel mit einer Schwanzflosse verbunden, die vertikal gestreckt und sichelförmig gebaut ist. Die Myomeren des Körpers sind durch Sehnen mit einem Gelenk im Schwanzstiel verbunden. Durch die abwechselnden Kontraktionen der beiden Körperseiten schwingt die Flosse von einer Seite zur anderen, sie oszilliert. Im Unterschied zu einem Propeller kehrt sich damit also die Bewegungsrichtung ständig um. Da die Schwanzflosse bis zehnmal pro Sekunde oszilliert, erscheint der erzeugte Vortrieb kontinuierlich.

Verbiegt sich der Fisch über die Länge seines ganzen Körpers abwechselnd seitlich, sprechen wir von

undulierenden, wellenförmigen Bewegungen. Manche Arten zeigen undulierende Bewegungen von Flossen, die mit breiter Basis ansetzen, wie die Seepferdchen oder die Messerfische (Notopteridae). Sie können auf diese Weise sehr präzise manövrieren und durch Schlagumkehr auch rückwärtsschwimmen. Dem gegenüber stehen oszillierende Antriebe, wie die beschriebene Oszillation der Schwanzflossen, oder auch Brust- und Bauchflossen, die als Ruder oder Paddel eingesetzt werden. Andere Fische führen oszillierende horizontale Pendelbewegungen durch, etwa die Rochen, und nutzen den Auftrieb ähnlich einem Flügel in der Luft. Viele Fische führen periodische Vorwärtsbewegungen aus, also Schwimmbewegungen, die sich zyklisch wiederholen und über viele Stunden oder länger ausgeführt werden. Andere sind auf stoßartiges Schwimmen spezialisiert: Sie führen kurze Schnellbewegungen aus und lassen sich dann durch das Wasser gleiten. Zahlreiche Arten kombinieren verschiedene Bewegungsformen. So nutzt der Brandungsbarsch *Amphistichus* für seine Sprints die koordinierte Bewegung von Körper und Schwanz, während zum langsamen Manövrieren die Oszillationsbewegungen der paarigen Brustflossen eingesetzt werden.

Zusammenfassend lässt sich sagen, dass die Form des Fischkörpers mit seinen Flossen und die Art und Weise der Bewegung einen guten Anhaltspunkt für seinen Lebensraum liefern: Langstreckenschwimmer verkörpern das Idealbild der Schwimmeffizienz mit torpedoförmigem Körper, schlankem Schwanzstiel und hoher Rückenflosse, während Riffbewohner durch hohe, oft seitlich zusammengedrückte Körper und Fortbewegung mit den paarigen Brust- und Bauchflossen auffallen, ideal für das gezielte Manövrieren in engen Räumen.

30 Der Blaupunkt-Stechrochen *Taeniura limna* bewegt sich mit undulierenden Bewegungen seiner Brustflossen.

Den Widerstand im Wasser überwinden

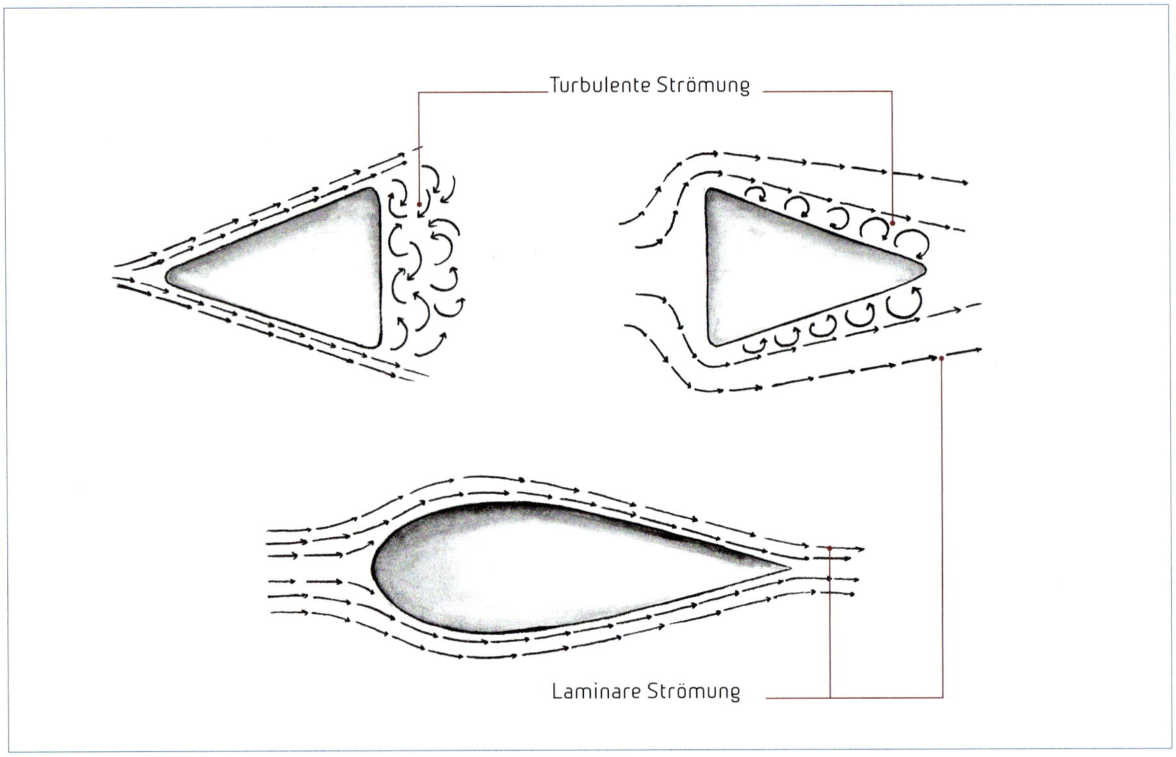

31

Was stellt die Fische bei der Fortbewegung im Wasser vor die größten Herausforderungen? Wie an der Luft muss die Schwerkraft überwunden werden, die jedoch im Wasser durch die Auftriebskraft geringer ist als an Luft. Größer für den Fisch ist der Aufwand, dem Strömungswiderstand des Wassers zu begegnen. Wir unterscheiden dabei den Druckwiderstand vom Reibungswiderstand. Den Druckwiderstand kennen wir alle, wenn wir bei geöffnetem Autofenster die Hand herausstrecken. Der Druck ist an der Vorderseite der Hand größer als auf ihrer Rückseite. Der Druckwiderstand ist abhängig von der Dichte des Mediums, der Geschwindigkeit und der Form des sich bewegenden Körpers. Daneben tritt der Reibungswiderstand auf. Wenn sich ein Objekt durch das Wasser bewegt, wird es vom Wasser benetzt und ein feiner Wasserfilm hängt an ihm fest. Natürlich ist die Oberflächenbeschaffenheit, also ob rau oder schleimig, ausschlaggebend für die Größe dieses Widerstands. Der feine Wasserfilm auf der Oberfläche des Objekts bewegt sich mit der gleichen Geschwindigkeit wie das Objekt selbst, während mit abnehmender Entfernung die Wasserschichten immer langsamer werden und schließlich, weit außen, überhaupt keine Bewegung mit dem Objekt mehr erfolgt. Diese Übergangszone zwischen dem bewegten und stillen Wasser ist die Grenzschicht. Die Viskosität des Wassers ist mit ausschlaggebend für die Größe des Reibungswiderstands. Neben der bereits erwähnten Oberflächenbeschaffenheit spielt weiter die Größe des Objekts eine Rolle: Je größer das Objekt (also seine Oberfläche), desto größer der Reibungswiderstand. Ein glattes, spindelförmiges Objekt, das langsam durch das Wasser gleitet, verursacht eine laminare Strömung, also ein Gleiten benachbarter Wasserschichten. Wenn sich das Objekt schneller

32

bewegt, bilden sich feine Wirbel zwischen den aufeinanderfolgenden Schichten, und die laminare geht in eine turbulente Strömung über. Turbulente Strömungen führen zu einer dickeren Grenzschicht und einem höheren Gesamtwiderstand als ein laminarer Fluss. Ebenso entstehen hinter einem Körper meist Turbulenzen. Ihre Ausdehnung ist abhängig von der Form des Körpers. Dabei ist der Widerstand infolge solcher Wirbel bei kegelförmigen Körpern mit flacher Hinterkante größer als bei solchen mit konisch gestalteten, nach hinten flach abfallenden Strukturen (vgl. Abb. 21). Eine flache Vorderseite stört offensichtlich weniger, am vorderen Ende besteht eine große Formtoleranz.

Die ideale hydrodynamische Fischform ist eine Spindel. Da der Fisch für die Erzeugung seines Vortriebes Muskeln benötigt, muss sein Körper eine minimale Dicke haben, um die Muskeln unterzubringen. Eine zu dicke, fast kugelige Spindel hingegen hätte zu viel Widerstand. Die ideale Form weist also ein bestimmtes Verhältnis von Länge zu Breite auf. Das Verhältnis zwischen dem größten Durchmesser der Breite und der Länge liegt zwischen 1:3 und 1:4. Der Fischschleim reduziert die Reibung um bis zu sechzig Prozent. Wird die Geschwindigkeit jedoch sehr groß, lassen sich Turbulenzen nicht verhindern. Schnell schwimmende Fische haben Mechanismen entwickelt, die Turbulenzen klein und kontrollierbar zu halten, wie die Flösselchen am Schwanzstiel von Makrelen und Thunen. Der Energieaufwand der Fische beim Schwimmen hält sich, verglichen mit anderen Wirbeltieren, noch immer in Grenzen: Schildkröten und Eidechsen brauchen etwa dreimal, Enten und Menschen etwa dreißigmal so viel Energie zum Schwimmen wie Fische.

31 Widerstand und Wirbelbildung; Erläuterung siehe Text (nach: Senn, 1997).

32 Flösselchen am Schwanzstiel, hier eines Thunfischs *Thunnus sp.*, reduzieren die Turbulenzen.

Schwimmen in Formation

Wer hat nicht schon einmal fasziniert einem Fischschwarm zugeschaut – und sich vielleicht gefragt, wie die Fische es schaffen, so geordnet zu schwimmen, sogar die Richtung zu wechseln, ohne zusammenzustoßen. Viele Arten bilden Schwärme, manche ihr Leben lang (etwa 25 Prozent der Arten, zum Beispiel Hering, Makrele, Thunfisch, manche Karpfenartige), andere nur in bestimmten Lebensstadien (zum Beispiel Buntbarsche [Cichliden], Stichlinge [Gasterosteidae]) oder zu bestimmten Zwecken (Fress- und Laichwanderung, zirka 50 Prozent der Arten). Wir kennen Schwärme mit wenigen Dutzenden, aber auch solche mit mehreren Millionen Fischen. Es wurden schon Meeräschenschwärme (Mugilidae) von 100 Kilometer Länge beobachtet, und auch Heringsschwärme sind für ihre Größe berühmt (bis 15 km Länge und 5 km Breite). In bewegtem Wasser richtet sich der Schwarm meist parallel zur Strömung aus. Die Schwärme können sehr unterschiedliche Formen annehmen: Auf den Wanderungen bilden sie lange, dünne Linien, Ovale oder Rechtecke. Schwimmen die Fische schnell, sind die Schwärme keilförmig, während sie eher runde Formen annehmen, wenn die Tiere fressen.

Nachts verliert sich oft die sehr hoch organisierte Formation. Offensichtlich ist der Gesichtssinn für eine Schwarmbildung erforderlich, denn blinde Tiere bilden keine Schwärme. Vermutlich spielen aber auch die mit dem Seitenlinienorgan wahrgenommenen Bewegungen der benachbarten Fische eine Rolle. Die meisten Schwärme setzen sich aus etwa gleich großen Individuen zusammen, die in etwa gleichem Abstand und in gleicher Richtung unterwegs sind. Richtungswechsel erfolgen gemeinsam und werden durch Leittiere ausgelöst.

Was sind die Vorteile des Schwimmens im Schwarm? Die Fische, die hinter anderen schwimmen, haben einen hydrodynamischen Vorteil, da die Wirbel der vor ihnen schwimmenden ihren Vorschub erhöhen und den Widerstand reduzieren. Dann sinkt im Schwarm die Wahrscheinlichkeit für das einzelne Tier, von einem Räuber erbeutet zu werden, da ein Räuber zu einem Zeitpunkt nur eine begrenzte Zahl von Beutetieren verfolgen (und auch fressen!) kann. Ein Raubfisch ist in der Regel verwirrt, wenn ein Schwarm auseinanderstiebt und die funkelnden Reflexe der silbrig glänzenden Schuppen aus allen Richtungen aufblitzen. Er muss sich auf ein Beutetier konzentrieren können, um es zu verfolgen. Oft wird dieser Verwirrungseffekt verstärkt durch Manöver des Schwarms. Er zieht sich blitzartig zusammen und «explodiert» dann wieder in verschiedene Richtungen. Das erschwert es dem Räuber zusätzlich, ein Opfer ins Auge zu fassen. Gelegentlich teilt sich der Schwarm auch in zwei, die sich hinter dem Räuber wieder vereinigen. Allerdings schützen alle diese Tricks nicht absolut: Manche Raubfische lassen sich durch das Schwarmverhalten nicht ablenken und stoßen gezielt auf einzelne Beutefische zu. Daneben wird angenommen, dass ein Schwarm häufiger auf das oft fleckenhaft

33

34

verteilte Futter trifft als ein einzelnes Individuum und so Vorteile bei der Nahrungssuche hat. Schließlich findet sich im Schwarm eher ein Geschlechtspartner zur Fortpflanzung, als es für Einzelgänger möglich ist, und die Synchronisierung der Fortpflanzungszyklen ist einfacher. Viele Fische haben nämlich einen ausgeprägten Geruchssinn und geben Pheromone ab, die der intraspezifischen Kommunikation dienen. Der Gelbe Katzenwels *Ictalurus natalis* nutzt den Geruchssinn sogar zur individuellen Erkennung und zur Identifizierung des sozialen Rangs seiner Artgenossen. Fische, die ihr Leben lang im Schwarm unterwegs sind, sind auf ihren Schwarm angewiesen: Werden sie vereinzelt, zeigen sie Stresssymptome und sterben oft recht schnell.

Allerdings bringt das Schwimmen im Schwarm auch Nachteile, die in vielen Fällen aber offensichtlich gegenüber den Vorteilen in den Hintergrund treten: Ein Schwarm ist auffälliger für einen Räuber als ein Einzelfisch und zieht deshalb Räuber eher an. Dann braucht ein Schwarm mehr Futter als ein Individuum, folglich ist das Vorkommen von Futter und dessen Verteilung mit ausschlaggebend, ob ein Schwarm gebildet wird. Am Ende des Schwarms ist dann natürlich die verbleibende Futtermenge, ebenso wie die Sauerstoffkonzentration, niedriger und die Trübung und Verunreinigung des Wassers durch Fäkalien der voranschwimmenden Tiere höher.

Die Schwarmbildung ist bei Fischen, wie so vieles, zum Teil angeboren und zum Teil erlernt. Sehr junge Fische sind typischerweise noch nicht in Gruppen unterwegs, möglicherweise, weil ihre nervösen und sensorischen Organe noch nicht genügend ausgebildet sind. Erst im Zuge ihrer weiteren Entwicklung ist auch Schwarmbildung zu beobachten.

33 Die Reflexe der silbrig glänzenden Fischleiber verwirren angreifende Räuber.

34 Fische im Schwarm richten sich meist in die gleiche Richtung aus.

Fische auf Wanderschaft

35

Laichwanderung des Aals

Der Europäische Aal verlässt kurz vor der Geschlechtsreife die Flüsse des Kontinents und schwimmt in sechs bis sieben Monaten in die gut 5000 Kilometer entfernte Sargasso-See, wo er in etwa 200 Meter Tiefe im März bis Juni laicht und dann stirbt. Die als Weidenblatt-Larven bezeichneten transparenten Jungtiere werden mit dem Golfstrom in einem knappen Jahr an die östliche Atlantik-Küste verdriftet. Ein Großteil der Larven ist tags in Tiefen von 100 oder mehr Metern unterwegs, nachts sind sie oberflächennah anzutreffen. An der Küste angekommen, wandeln sie sich in die Glasaale um und steigen die Flüsse hinauf. Dort wachsen sie in sechs bis zehn Jahren zur Geschlechtsreife heran, bevor sich dieser Zyklus wiederholt.

35 Der Europäische Aal *Anguilla anguilla* benötigt für seine langen Wanderungen große Fettreserven. Die Weibchen werden mehr als 85 cm lang, die Männchen erreichen nur etwa die halbe Länge.

Zwar weiß man von vielen Fischen, dass sie große Wanderungen unternehmen, wie sie genau ihr Ziel finden und warum sie wandern, ist jedoch nicht immer gut bekannt.

Zunächst die Frage nach dem Warum. Wandern ist energieaufwändig, viele Fische fressen während der Wanderung nicht, sondern zehren von ihren Reserven. So stoppt der Aal die Nahrungsaufnahme, wenn er ins Meer kommt, und umgekehrt stellt der Lachs das Fressen ein, sobald er die Mündungen der Flüsse erreicht, in denen er dann teilweise mehrere 100 Kilometer stromaufwärts schwimmt. Die meisten dieser ausgedehnten Wanderungen stehen im Dienste der Fortpflanzung. Die Adulten nehmen den anstrengenden Part auf sich, gegen den Strom schwimmend (sei es im Meer oder flussaufwärts) geeignete Laichplätze zu erreichen, an denen sich die Brut möglichst gut und sicher entwickeln kann. Anschließend können sich die noch wenig schwimmkräftigen Jungtiere mit dem Strom zu den nächsten günstigen Nahrungsgründen treiben lassen. Erst wenn die Jungen groß und motorisch fit genug sind, schlagen sie den Weg zu den Nahrungsgründen der älteren Artgenossen (und später im Leben wieder zu den Laichgründen) ein, und der Zyklus beginnt aufs Neue. So wird erreicht, dass sich die Jungen mit hoher Wahrscheinlichkeit in geeigneten Lebensräumen entwickeln, mit gutem Nahrungsangebot und geringem

36 Rotlachse (engl. Sockeye Salmon) *Oncorhynchus nerka* auf ihrer Laichwanderung.
Nur auf ihrem Weg in die Flüsse und Seen haben sie diese leuchtend roten Rücken und hellgrünen Köpfe, im Meer zeigen die Tiere einen blaugrünen Rücken und einen silbernen Bauch.

36

Räuberdruck. Diese Separation der Lebensstadien ist vielen Fischen zu eigen, auch wenn die Wanderungen weniger spektakulär sind. Oftmals lassen sich so Wanderrouten mit drei Stationen ausmachen: Laichplätze – Nahrungsgründe für die Juvenilen – Nahrungsgründe für die Adulten.

Bei anderen Arten sind Fresswanderungen bekannt, gesteuert auch aufgrund sich verändernder Umweltbedingungen. So folgt der Hering in der Nordsee der Planktonblüte, die sich im einströmenden warmen Wasser des Atlantiks entwickelt, nach Norden. Einige Thunfische wandern dann nicht, wenn die Bestände an Futtertieren vor Ort ausreichend groß sind. Bei verschiedenen Arten sind sowohl wandernde als auch stationäre, sogenannte residente Populationen bekannt, so bei verschiedenen pazifischen Lachsen der Gattung *Oncorhynchus* und bei Stichlingen *Gasterosteus sp.* Wenn der Aufwand für die Wanderung zu groß wird oder andererseits die Umweltbedingungen am Standort nicht zu schlecht sind, bleiben viele Fische vor Ort.

Wie finden die Fische, vor allem über große Distanzen, ihren Weg in die Zielgewässer? Und wie wird die Wanderung ausgelöst? Als Auslöser für die Wanderungen sind vermutlich Hormonzyklen und die innere Uhr im Verbund mit äußeren Faktoren, wie Helligkeit, Jahreszeiten, Nahrung und Temperatur, ausschlaggebend. Das Heimfindevermögen («Homing») ist vor allem bei Lachsen, die nach vielen Jahren und Tausenden von Kilometern ihre Laichgewässer meist recht genau wiederfinden, ausgiebig untersucht worden. Ihnen hilft der Geruchssinn: Während der Entwicklung von der Larve zum Jungfisch prägen sie sich den Geruch des Laichbachs ein, auf ihrer Wanderung ins Meer dann auch die Gerüche anderer Gewässer ebenso wie die Gerüche ihrer und fremder Lachspopulationen. Auch das Geruchsvermögen von Aalen ist so differenziert und sensitiv, dass olfaktorische Orientierungsmechanismen, neben geomagnetischen, eine Rolle spielen. Bei anderen Arten stellte man fest, dass auch menschgemachte Markierungen wie beispielsweise Bojen zur Orientierung benutzt werden. Thunfische wurden beobachtet, wie sie regelmäßig und recht präzise Bojen passierten, in einem Fall zweimal innerhalb von 8 Monaten um 9 Uhr morgens! Dennoch sind zahlreiche Fragen zur Orientierung der Fische noch unbeantwortet. Man nimmt heute an, dass der Sonnenstand, Gradienten von Temperatur, Salinität und chemische Faktoren sowie geomagnetische und geoelektrische Felder wichtig sind. Trotzdem, die Umweltgradienten variieren in Abhängigkeit von Tide, Jahreszeiten usw., die Sonne zeigt sich nicht immer und ist für nachts wandernde und für tiefer schwimmende Fische sowieso keine wirkliche Option.

Etwas anders stellt sich die Situation bei Vertikalwanderungen dar: Auslöser ist das Phytoplankton, das sich vorzugsweise dann an der Oberfläche aufhält, wenn das Licht für die Fotosynthese ausreicht. Viele Zooplankter folgen ihrem Futter, und ihnen wiederum stellen die Fische nach. Karnivore Fische brauchen in der Regel Licht zum Jagen. In der Dämmerung reicht das Licht dafür noch aus, doch die Helligkeit ist bereits so herabgesetzt, dass sie selbst nicht mehr so leicht zum Opfer anderer Räuber werden.

Nun haben wir weiter oben bereits gesehen, dass die Veränderung der Füllung der Gasblase für viele Fische entscheidend für ein Auf- und Absteigen ist. Das wirkt sich natürlich auf die Vertikalwanderungen aus. Fische führen Dekompression durch, wie ein Taucher! Physostomen, wie die Heringe, bei denen Darm und Schwimmblase auch im Erwachsenenstadium noch verbunden sind, können durch Ablassen beziehungsweise Aufnehmen von Gasen 100 bis 200 Meter auf- und absteigen. Da die Gasaufnahme nur an der Oberfläche erfolgen kann, sind sie in der Tiefe jedoch untertariert. Und wie der Schwertfisch, der über keinen Ausführgang der Schwimmblase verfügt, die täglichen Vertikalwanderungen von bis zu 600 Metern bewältigt, ist ein noch ungelöstes Rätsel.

37 Ein Papageienfisch *Chlorurus sp.* schlafend im Schleimkokon, der vorne und hinten offen ist, um den Wasserdurchfluss zu ermöglichen.

Schlafen Fische?

Die meisten Fische verbringen einen guten Teil ihrer Zeit in einem Zustand verringerter Aktivität und sensorischer Antwortbereitschaft – dabei handelt es sich um Schlaf oder Ausruhen («Resting»). Das ist offensichtlich für die Regeneration neuronaler Prozesse und optimaler Hirnfunktionen wichtig. Das Ausruhen kompensiert Schlafmangel und ist kürzer. Wie bei Säugetieren wird beim gut untersuchten Zebrafisch *Danio rerio* Melatonin ausgeschüttet, das für Veränderungen in der Aktivität und das Wecken zuständig ist. Typischerweise schlafen Larven und Adulte fast die ganze Dunkelzeit hindurch, sie nehmen dabei bestimmte Positionen ein, sei es, dass sie nahe der Oberfläche oder am Grunde ihres Beckens liegen. Gut bekannt sind auch schlafende Fische im Korallenriff: Sie wechseln oft sogar die Farbe, werden blass und ziehen sich in Verstecke zurück. Manche Arten, so verschiedene Lippfische (Labridae) und Papageienfische (Scaridae), bilden nachts schützende Schleimkokons, ähnlich einem Schlafsack, oder vergraben sich im Sand. Andere Fische, wie Makrelen, Thunfische und viele Haie, müssen dauernd schwimmen, um eine kontinuierliche Atmung zu gewährleisten.

Stumm wie ein Fisch?

Diese beliebte Metapher ist irreführend: Fische sind weder stumm noch taub, auch wenn ihre Hörfähigkeit weniger gut entwickelt ist als die der Landwirbeltiere. Sie haben zwar keine äußeren Gehörstrukturen, aber ihr Innenohr ähnelt in Aufbau und Funktion dem anderer Wirbeltiere. Wie gelangt der Schall dorthin? Bei einigen Arten fungiert die Schwimmblase als Resonanzraum. Die zu den Welsen gehörenden Fische, zusammen um 6000 beschriebene Arten, haben Fortsätze an einem Rückenwirbel ausgebildet, der die Schwingungen von der Schwimmblase auf den flüssigkeitsgefüllten Hohlraum im Innenohr überträgt (Weber'scher Apparat). Fische hören Frequenzen bis maximal sieben Kilohertz, während der jugendliche Mensch bis 20 Kilohertz wahrnimmt. Einige Fische hören jedoch auch Ultraschall (oberhalb von 20 Kilohertz), beispielsweise der Hering. In seinem Fall handelt es sich vermutlich um eine Anpassung an seinen Haupt-Fressfeind, den Delfin, der ihm mit Echoortung nachstellt. Doch der beste Hörapparat nützt nichts, wenn es nichts zu hören gibt – können Fische Laute erzeugen? Auch hier ist das Spektrum groß, bei mehr als 500 Arten ist die Schallerzeugung nachgewiesen. Häufig ist das Aneinanderreiben von Zähnen oder Flossenstrahlen. Zahlreiche Fische nutzen die Schwimmblase zur Lauterzeugung. Sie dient als Trommel, die durch die Kontraktionen eines Trommelmuskels angeschlagen wird. Da die Kontraktionsfrequenz die Schallfrequenz limitiert, sind diese Trommelmuskeln die Muskeln, die die höchsten bei Wirbeltieren bekannten Kontraktionsfrequenzen erreichen. Mit zirka 200 Hertz stellen sie sogar die Flugmuskulatur der Kolibris (50 bis 60 Hertz) in den Schatten!

Sehen unter Wasser

Und wie verhält es sich mit dem optischen Sinn bei Fischen? Viele Fische leben doch in so großen Tiefen, im Meer oder in tiefen Seen, dass bis dort ohnehin kein Lichtstrahl eindringt? Beim Betreten von natürlichen Badeseen haben die meisten von uns bereits die – manchmal schmerzhafte – Erfahrung gemacht, dass die Sichttiefe in diesen Gewässern schon mal weniger als ein Meter betragen kann. In sehr klarem Meerwasser kann die Eindringtiefe von Lichtstrahlen jedoch enorm sein, und mit sehr empfindlichen Augen ist eine Sicht in einer Tiefe von 1100 Metern noch möglich. Unterhalb der Sichttiefe dienen Augen dazu, das Blitzen und Glühen biolumineszierender Tiere wahrzunehmen. Nur in Höhlen sind Augen wirklich nutzlos, und 40 Fischarten sind als blinde ständige Höhlenbewohner bekannt. Grundsätzlich sind die Augen der Fische Linsenaugen, also aufgebaut wie unsere. Die Linse der meisten Fische ist kugelrund. Im Unterschied zu unserem Auge kann die Linse nicht in ihrer Form verändert werden, um eine Akkommodation für die Nah- und Fernsicht zu ermöglichen. Stattdessen verändert der Fisch den Abstand zwischen Linse und Netzhaut und kann dadurch immer ein scharfes Bild auf der Netzhaut produzieren. Und wie weit können Fische nun sehen? Da die Sicht in Flüssen und Seen grundsätzlich weniger gut ist als im Meer, können Süßwasserfische nur etwa zwei Meter weit gut sehen. Bei Meeresfischen geht man von einer Sichtweite von 30 Metern aus.

Es gibt zudem auch Spezialisten, die sowohl im Wasser als auch in der Luft sehen müssen, wie die fliegenden Fische, der Schlammspringer oder die Vieraugenfische (Anablepidae) – wie gehen diese Fische mit dem Brechungswinkel der Wasser-Luft-Grenze um? Der Schlammspringer hat abgeflachte Linsen, mit denen er wohl an Land besser sieht als im Wasser. Die wassergefüllten Hauttaschen unter den Augen dienen dazu, sie bei seinen Landausflügen gelegentlich zu befeuchten. Die fliegenden Fische haben zwei abgeflachte

38

Hornhautbereiche, die ihnen ein scharfes Bild liefern. Beim zentralamerikanischen Vieraugenfisch, der an der Wasseroberfläche schwimmt, ist die Pupille durch einen Pigmentstreifen in zwei Etagen geteilt und liegt vor einer stark asymmetrischen Linse. Auf den beiden Retinen werden die Objekte unter beziehungsweise über Wasser abgebildet.

Man fragt sich auch, ob Fische, die selbst oft bunt sind, wohl Farben sehen können. Da viele Fische über einen vierten Zapfentyp verfügen (Menschen haben nur drei: rot, grün und blau), können sie einen größeren Spektralbereich erfassen als das menschliche Auge. Die Elritze *Phoxinus phoxinus*, das Rotauge *Rutilus rutilus* und der Goldfisch *Carassius auratus*, Salmoniden und Barsche Percidae können mit dem vierten Zapfentyp auch UV wahrnehmen, also Licht von einer Wellenlänge von weniger als 400 Nanometer. Wenn wir einen gelben Fisch sehen, so kann dieser für einen UV-sichtigen Fisch in zwei verschiedenen Gelbtönen erscheinen: in dem für uns sichtbaren Gelb und in einem UV-Gelb. Wir sind also in gewisser Weise blind für viele Farben und Muster der Fische! Bei einigen Arten ist bekannt, dass sich die UV-Sensitivität im Laufe der Entwicklung verändert. Hier besitzen die Jungen, die sich von Plankton ernähren und sich oft nahe der Oberfläche aufhalten, UV-empfindliche Pigmente, die sich im Lauf der Entwicklung verlieren. Weder die Verbreitung bei den Fischen – bis jetzt kennt man UV-Sehen bei Arten aus

38 Augen verschiedener Fische: Spitzkopfkugelfisch *Canthigaster sp.*, Kugelfisch *Arothron sp.*, Papageienfisch *Scarus sp.*

39

26 Familien, darunter viele Riffbewohner – noch alle Funktionen einer solchen UV-Empfindlichkeit sind jedoch vollständig aufgeklärt. Sicher ist, dass diese Wahrnehmung zur Futtersuche bei Planktonfressern eingesetzt wird: UV-opake Futtertiere kontrastieren gut gegen einen UV-beleuchteten Horizont. Die Futtersuche mittels UV-Sehen kann bis in Tiefen von 90 bis 130 Meter (Ozeane) beziehungsweise 15 bis 20 Meter (trübe Binnengewässer) erfolgen. Im Korallenriff hingegen gibt es Fische, die zwar ein UV-Muster tragen, aber selbst kein UV sehen können. Haie, Lungenfische und Agnatha sind, zumindest soweit wir das aufgrund der Augenstruktur schließen können, farbenblind. Experimente dazu stehen jedoch aus.

40

39 Der Große Laternenfisch *Anomalops katotpron* hat unter den Augen ein bohnenförmiges Leuchtorgan, in dem symbiotische Bakterien ein grünliches Licht erzeugen. Das Leuchten dient dem Anlocken von Futtertieren. Die Abdeckung mit einem schwarzen Lid bewirkt ein Blinken.

40 *Gnathonemus petersii*, der Nilhecht, besitzt elektrogene Organe, die zur Orientierung und Partnerfindung dienen.

… und wie sich Fische sonst noch orientieren

Ein besonderes Sinnesorgan der Fische ist das Seitenliniensystem, das einen Ferntastsinn ermöglicht. Es dient der Wahrnehmung des Staudrucks, von Druckwellen und Erschütterungen. Die Sinneszellen sind in Gruppen entweder an der Hautoberfläche angeordnet oder in Kanälchen versenkt, die über Poren mit dem Wasser in Verbindung stehen. Typischerweise zieht sich das Seitenliniensystem auf der Höhe der Wirbelsäule den Rumpf entlang, jedoch ist auch der Kopf von Gruben mit den entsprechenden Sinneszellen ausgestattet. Über den Staudruck können Fische Richtung und Geschwindigkeit des sie umströmenden Wasser wahrnehmen sowie Hindernisse ertasten. Das Seitenliniensystem kann sehr sensitiv sein, beispielsweise kann der Kaulbarsch *Gymnocephalus cernuus* damit den Atemwasserstrom von Insektenlarven erfassen.

In der Evolution ist das Seitenlinienorgan Ausgangspunkt für den elektrischen Sinn. Dieser ist bei Fischen mehrmals unabhängig voneinander entstanden. Wir können stark elektrische von schwach elektrischen Fischen unterscheiden. Zu Letzteren gehören die afrikanischen Nilhechte (Mormyridae) und die meisten Neuwelt-Messerfische (Gymnotiformes). Sie bauen um sich herum ein schwaches elektrisches Feld auf, dabei ist die Schwanzspitze negativ und der Kopf positiv geladen. Objekte, die sich in diesem Feld befinden, lenken die Feldlinien ab. Mit den Elektrorezeptoren, die vorwiegend am Kopf angeordnet sind, kann der Fisch diese Veränderung registrieren und so seine Umgebung auch im Trüben oder im Dunkeln erfassen. Dadurch ist die Erkennung und Ortung von Gegenständen und die Kommunikation mit Artgenossen möglich. Stark elektrische Fische wie Zitterrochen (Torpedinidae) und Zitteraal *Electrophorus electricus* erzeugen mit ihren elektrischen Organen große Potenzialdifferenzen (50 bis 500 Volt), die ausreichen, um Beutetiere zu betäuben oder sich wirksam zu verteidigen. Die Lorenzinischen Ampullen sind Elektrorezeptoren in gallertegefüllten Hautgruben bei Haien und Rochen, mit denen sie die elektrischen Veränderungen beim Atmen ihrer Beutetiere registrieren und auch im Sand vergrabene Beutetiere sicher orten können.

41 Der Hecht *Esox lucius* von oben: Zu erkennen sind die dunklen Gruben des Seitliniensystems.

1

Schwangere Haie, Muttermilch für Rochenbabys und Monogamie bei Fischen

2

Lebensstrategien

Für die Arterhaltung ist die Fortpflanzung entscheidend. Je nach Lebensstrategie findet sie früher oder später im Leben statt, ein- oder mehrmals, und die Menge an Ressourcen, die dem Nachwuchs gewidmet werden, ist ebenfalls unterschiedlich. Bei den mehr als 30 000 Fischarten, der Vielzahl der Lebensräume und den damit verbundenen Herausforderungen finden wir fast alles Denkbare. Um diese Vielfalt etwas zu ordnen, soll deshalb das Modell der K- und r-Strategien kurz erläutert werden: K-Strategen nutzen die Tragfähigkeit oder Kapazität (K) eines Lebensraums, der stabil, aber dicht besiedelt ist, während r-Strategen maximales Wachstum (Reproduktion = r) in einer dünn besiedelten, aber wenig stabilen Umwelt anstreben. Typisch für r-Strategen sind demnach frühe Geschlechtsreife, hohe Zahl an Nachkommen, schnelle Entwicklung, geringe Körpergröße und kurze Generationszeit. Umgekehrt setzen K-Strategen auf lange Generationszeit, späten Eintritt der Geschlechtsreife und niedrige Zahl an Nachkommen, in die aber intensiv investiert wird und die eine lange Entwicklungsdauer durchlaufen. K-Strategen sind außerdem relativ groß und langlebig. Doch die Natur ist dynamisch, und derartige Kategorisierungen dienen nur der Vereinfachung. Viele Übergangs- und Mischformen existieren, die die Grundlage komplizierter Modelle bilden.

1 Vorhergehende Doppelseite: Bei den Banggai-Kardinalbarschen *Pterapogon kauderni* brüten die Männchen die Eier im Maul aus.
2 Metamorphose der Scholle *Pleuronectes platessa* (nach: Jobling, 1995). Die Larven sind normal gebaut. Bei der Metamorphose wandert ein Auge auf die rechte Körperseite. Die auf dem Boden aufliegende Körperseite ist deutlich heller.
3 Die Schwalbenschwänzchen *Chromis sp.* laichen im Schwarm.

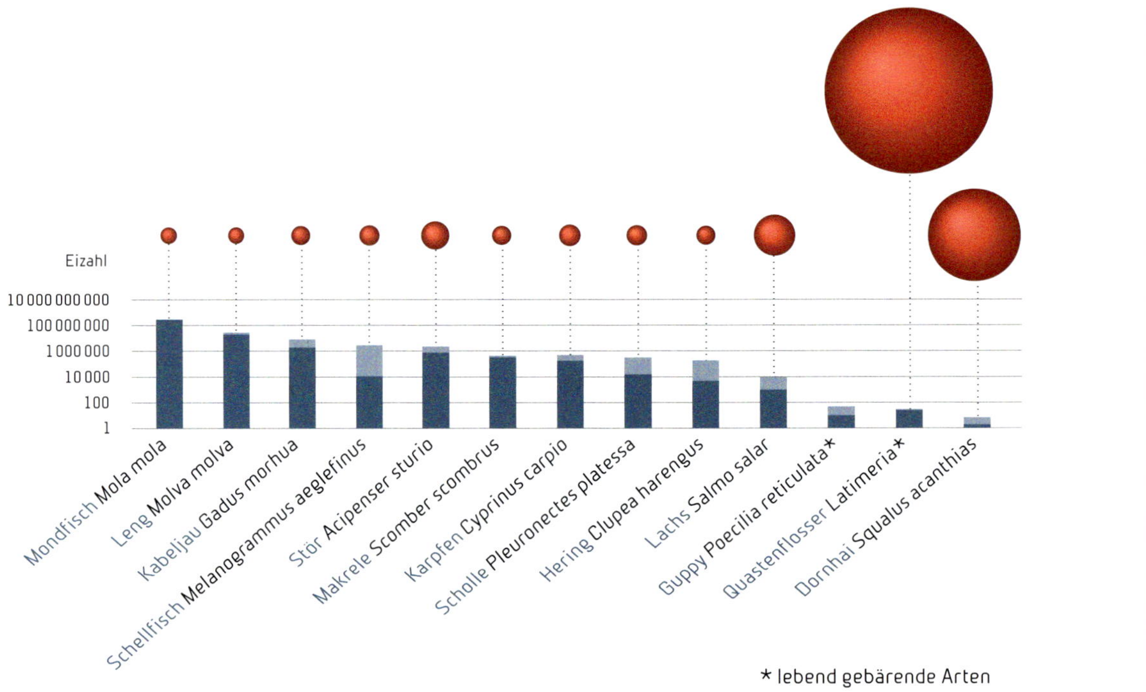

Anzahl (Min.–Max.) und Größe von Eiern verschiedener Fischarten (kombiniert nach verschiedenen Quellen)

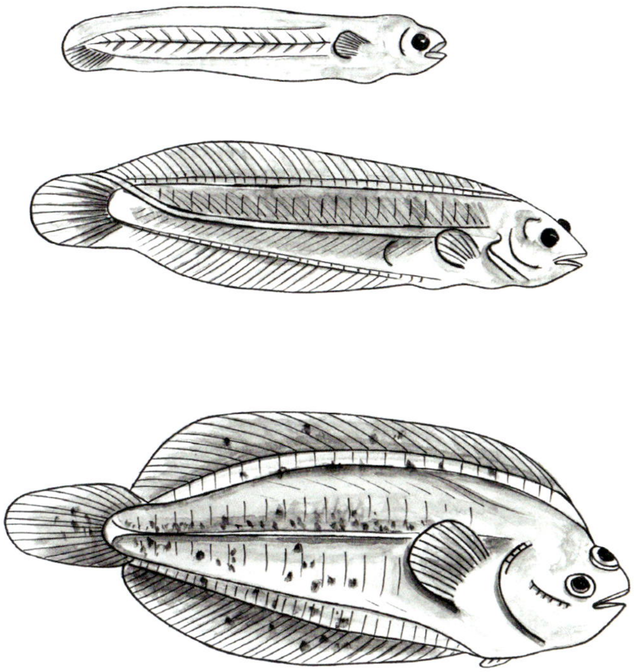

2

Die meisten Knochenfische zählen wir zu den r-Strategen. Bei ihnen werden Eier und Spermien in großer Zahl ins freie Wasser abgegeben, und es findet eine äußere Befruchtung statt. Viele Arten laichen im Schwarm, sie sind wohl nicht wählerisch in Bezug auf den Partner. Aus den meist kleinen Eiern schlüpfen Embryonen, die sich zu Larven weiterentwickeln. Diese sind oftmals sehr verschieden von den Adulten und in der Regel durch spezifische Merkmale charakterisiert. Sie leben oft in völlig anderen Lebensräumen und ernähren sich anders als die älteren Artgenossen. Entweder kontinuierlich oder in einer Metamorphose (also einer anatomischen und physiologischen Umwandlung) entwickeln sie sich zu Jugendstadien, die den Adulten gleichen.

3

Ein Blick ins Innere: Die Gonaden von Fischen und ihre Produkte

Die Gonaden oder Keimdrüsen sind die Organe, in denen die Eier beziehungsweise Spermien gebildet werden und heranreifen und aus denen sie meist durch Gänge aus dem Körper geleitet werden. Die Eierstöcke (Ovarien) nehmen in laichbereiten Weibchen durch die angelegten Eier enorm an Volumen zu, im Extremfall, bei Aalen beispielsweise, können sie bis 60 Prozent des Körpergewichts ausmachen, während sie bei anderen Arten nur drei bis fünf Prozent einnehmen (Gründlinge, Zahnkärpflinge). Wenn wir die Leibeshöhle eines laichreifen Weibchens öffnen, erkennen wir die Ovarien als große, gelbliche, granulierte Schläuche. Im Ovar wird die Eizelle von einem Follikel umgeben, der das reife Ei beim Eisprung (Ovulation) freisetzen wird. Die Follikelzellen bilden den Dotter. Hier wird auch, unter der Kontrolle des Gonadotropins, das weibliche Sexsteroidhormon, das Östradiol, gebildet. Das Ei mit dem Dotter wird von der Vitellinmembran umschlossen, nach außen schließt sich die Eihülle (Chorion) an, die für Wasser und kleine Moleküle durchlässig ist. Eine Öffnung, die Mikropyle, erlaubt den Zutritt des Spermiums zum Ei, nach dessen Eindringen verschließt sich diese Öffnung. Das Chorion härtet aus und verhindert so das Eindringen weiterer Spermien.

Ein Männchen investiert meist viel weniger Energie in die Bildung der Hoden und die Produktion von Spermien als ein Weibchen in Ovarien und Eier. Der männliche Hecht steckt 6- bis 18-mal weniger Energie in den Hodenaufbau als das Weibchen in den Ovarienaufbau, und beim Lachs machen die Hoden nur drei bis sechs Prozent des Körpergewichts aus. Ausnahmen bestehen jedoch bei Arten, wie beispielsweise dem Dorsch, die in einem großen Areal laichen und deshalb eine große Spermienzahl zur Verfügung stellen müssen, damit die Trefferwahrscheinlichkeit ausreichend hoch ist. Die Hoden lassen sich als weißliche glatte Schläuche in der Leibeshöhle des laichreifen Männchens identifizieren. In ihnen entwickeln sich die Spermienzellen über mehrere Zwischenstadien zu den reifen Spermatozoen. Sie werden meist durch einen ausführenden Gang abgegeben,

4

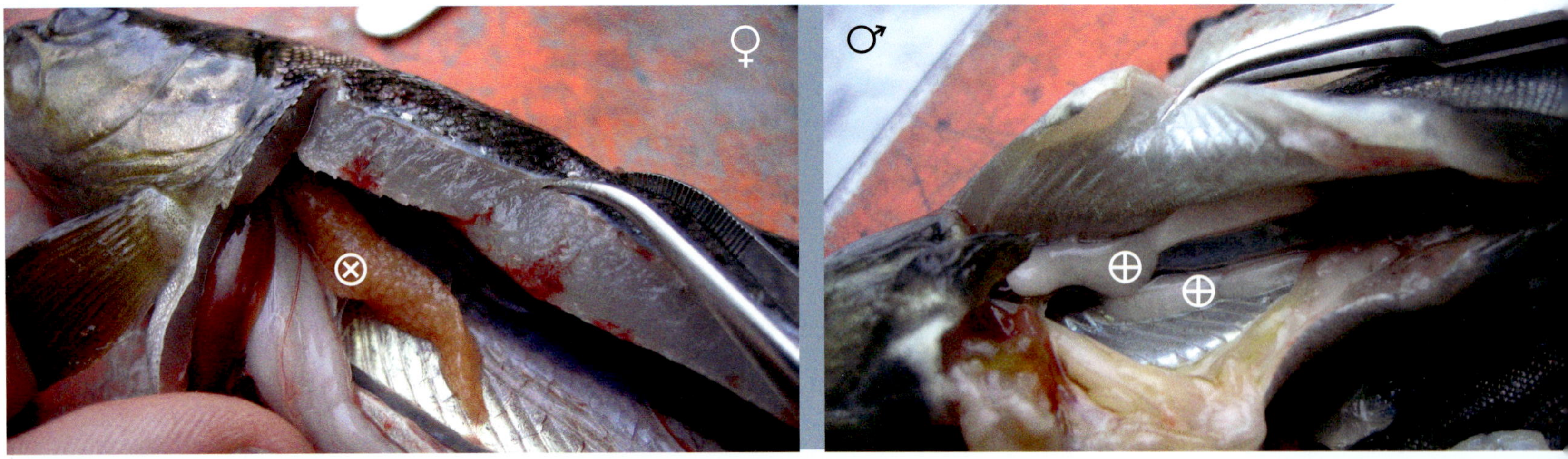

5

6

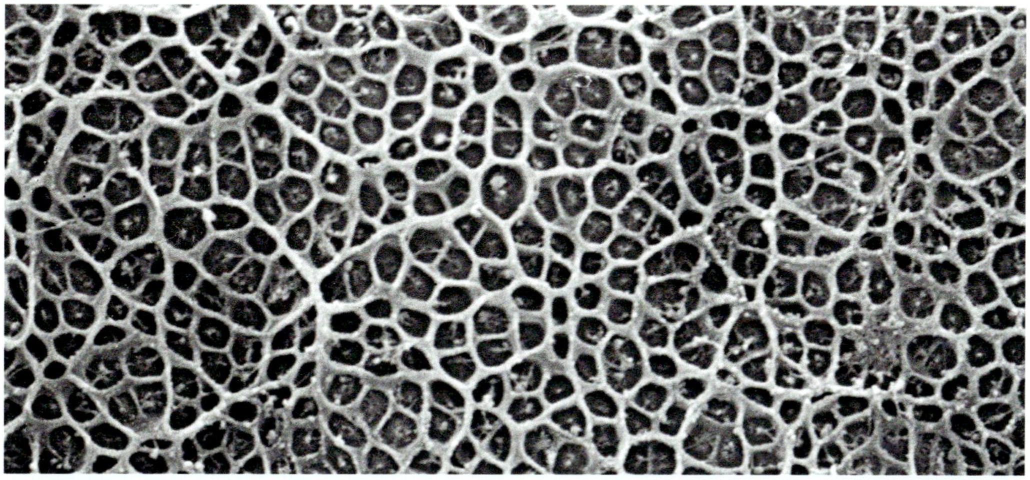

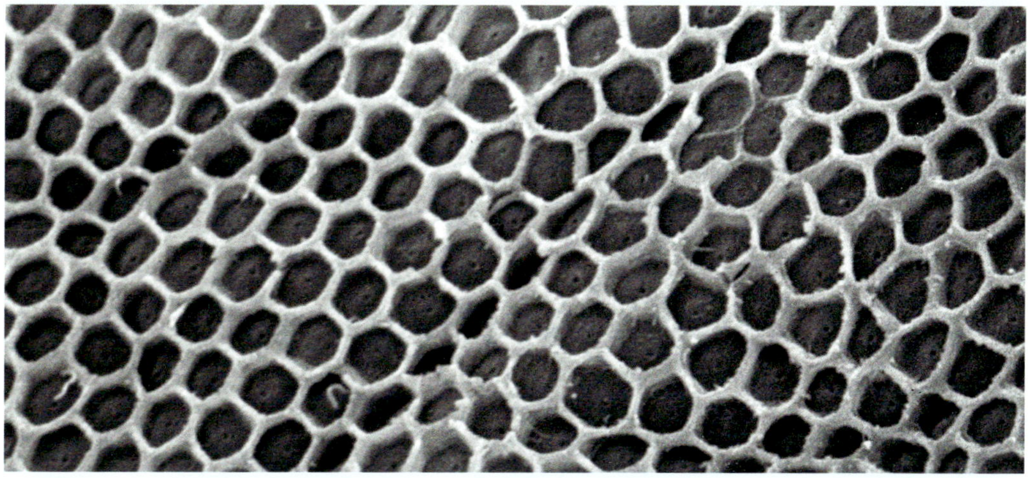

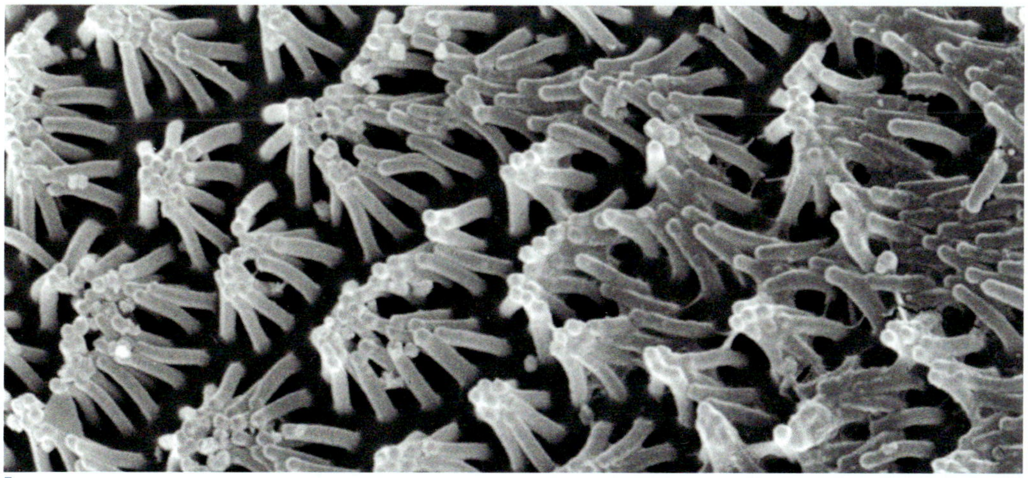

7

4 Links die geöffnete Leibeshöhle einer weiblichen Bachforelle *(Salmo trutta fario)* mit sackförmigem Eierstock (⊗), darin die gelblichen, sich in Bildung befindenden Eier. Rechts die geöffnete Leibeshöhle einer männlichen Bachforelle mit schlauchförmigen Hoden (⊕).

5 Die Oberfläche eines Eis des Langfingrigen Eisfisches *Cryodraco antarcticus*.

6 Die Oberfläche eines Eis des Stacheligen Eisfisches *Chionodraco rastrospinosus*.

7 Beim Gründling *Gobio gobio* ist die Eioberfläche mit klebrigen Haftzotten in Rosetten besetzt.

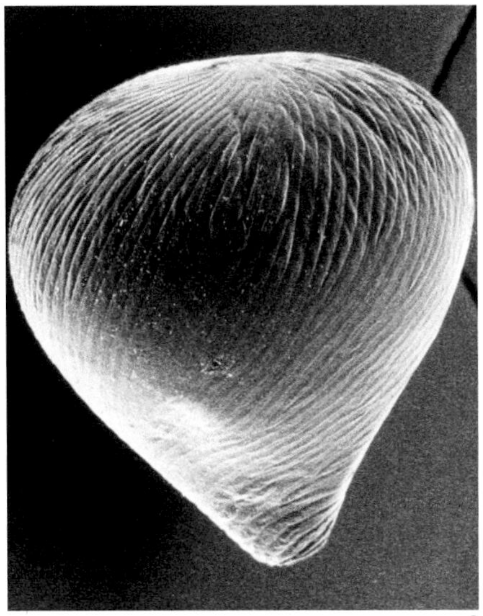

8

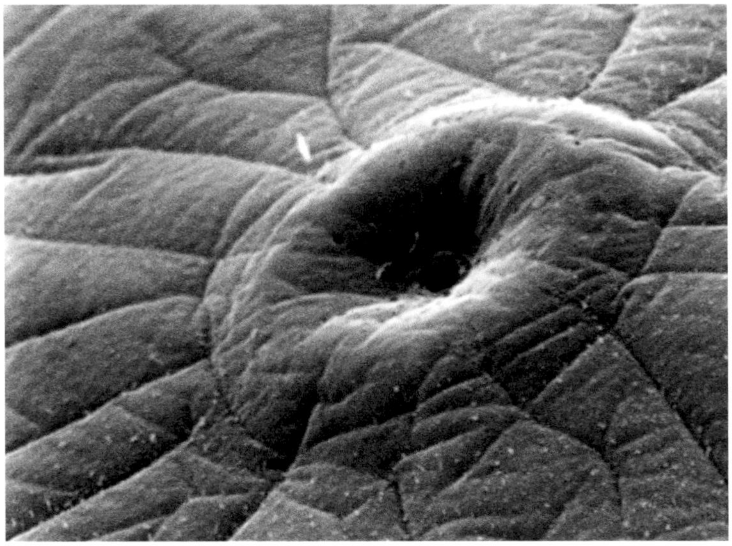

9

8 Ein birnenförmiges Ei mit Spermienleitsystem des Hechtkopfs *Luciocephalus sp.*
9 Die Mikropyle, eine Öffnung im Ei eines Schwarzen Seehechts *Dissostichus eleginoides*, erlaubt den Zutritt des Spermiums.
10 Grüner Fahnenbarsch *Anthias huchtii* – ein Männchen.
11 Grüner Fahnenbarsch *Anthias huchtii*, ein Schwarm Weibchen: Wenn das Männchen verschwindet, wandelt sich das größte Weibchen in ein funktionsfähiges Männchen um.

in dem sie noch mit einer Flüssigkeit, der sogenannten Milch, vermischt werden. Zwischen den Spermatocysten liegen, wie bei den Säugetieren, interstitielle Zellen (Leydig-Zellen), in denen die androgenen Sexsteroide synthetisiert werden.

Mit Eiern und Spermien allein ist die Fortpflanzung noch nicht gesichert: Erst wenn eine Befruchtung erfolgreich ist, kann daraus Nachwuchs entstehen. Die Fruchtbarkeit von Fischen ist quantitativ jedoch schwierig zu erfassen, da man die Zahl der tatsächlich befruchteten Eier nur selten kennt und die Jungen nach dem Schlüpfen sofort wegschwimmen. So wird als Hilfsparameter oft die Fekundität, also die Zahl der Eier pro Weibchen pro Laichsaison oder Jahr, herangezogen. Wie viel Eier produzieren Fische nun, und wodurch werden Zahl und Eigröße bestimmt? Grundsätzlich sind die Verhältnisse so:

Je geringer die Zahl der Eier pro Weibchen und Jahr (Fekundität), desto größer die Eier. Die Größe der Eier hängt auch von der geografischen Verbreitung der Arten ab. In höheren Breiten nimmt die Größe der Eier zu, und die meisten der in den Küstengewässern lebenden Arten legen ihre Eier – unbeeinträchtigt von der eisbedeckten Meeresoberfläche – am Boden ab, wo sich dann auch die Larven entwickeln und von Bodenorganismen ernähren. Zudem kann die Größe der Eier auch übers Jahr Veränderungen unterworfen sein: je später im Jahresverlauf, desto kleiner die Eier. Das macht Sinn, da im gleichen Zeitraum die Wassertemperatur ansteigt und die Zeit der Entwicklung dadurch abnimmt.

Je größer und älter die Weibchen, desto höher ist die Fekundität. Die Fekundität schwankt jedoch auch zwischen aufeinanderfolgenden Jahren sehr stark, Abweichungen von bis zu mehr als fünfzig Prozent wurden registriert, die entsprechend berücksichtigt werden müssen, wenn Fangquoten festgelegt werden sollen.

Das Nahrungsangebot ist der entscheidendste Umweltfaktor für die Eizahl, je mehr Nahrung vorhanden ist, desto mehr Energie kann in den Nachwuchs investiert werden, die Zahl der Eier ist dann höher. Umgekehrt führt Stress, beispielsweise ungünstige Temperatur und Wasserchemie, zur Verringerung der Eizahl.

Generell brauchen größere Eier länger für die Entwicklung bis zum Schlupf, aber dafür schlüpfen größere Larven, die länger von ihrem Dottervorrat zehren können. Während bei einigen Korallenfischen die Entwicklung des Eis bis zum Schlupf nur ein bis zwei Tage dauert, lassen sich die Eier des Quastenflossers 13 Monate Zeit zur Entwicklung.

Welches Geschlecht hat ein Fisch?

Bei Wirbeltieren ist das Geschlecht im Allgemeinen durch die Gene festgelegt. Allerdings sind nur bei zehn Prozent der bisher daraufhin untersuchten 1700 Fischarten Sexchromosomen ausgebildet, durch die das Geschlecht bestimmt ist. Die meisten dieser Fische sind entweder männlich oder weiblich. In etwa zwei Drittel dieser Arten sind die Männchen heterogametisch (die beiden Geschlechtschromosomen sind unterschiedlich, also zum Beispiel XY und es werden deshalb zweierlei Gameten produziert, solche mit x-, und solche mit y-Chromosomen), bei den anderen die Weibchen, oder die Arten haben nur ein oder mehr als zwei Sexchromosomen. Bei der Mehrzahl der Fische gibt es allerdings keine Sexchromosomen, sondern die das Geschlecht bestimmenden Gene sind auf verschiedenen Autosomen verteilt. Das ist beispielsweise bei der Bachforelle *Salmo trutta* der Fall: Bei jungen Tieren, die noch keine sekundären Geschlechtsmerkmale zeigen, kann also selbst eine mikroskopische Untersuchung der Chromosomen keinen Aufschluss über das Geschlecht geben. Darüber hinaus wird das Geschlecht bei einigen Arten auch durch Umweltfaktoren, zum Beispiel Fotoperiode, Salzgehalt oder Temperatur, mitbestimmt. So bilden sich beim Mondährenfisch *Menidia menidia* bei niedrigen Wassertemperaturen während der Larvalentwicklung meist Weibchen aus, bei höheren Männchen. Das scheint ökologisch vorteilhaft zu sein, da die Weibchen bei dieser Art größer werden als die Männchen und somit mehr Zeit für ihre Entwicklung und den Gonadenaufbau haben, wenn sie sich früh im Jahr entwickeln. Der umgekehrte Fall tritt beim Wolfsbarsch *Dicentrarchus labrax* und dem Getüpfelten Gabelwels *Ictalurus punctatus* auf. Bei verschiedenen Korallenfischen ist es die soziale Umgebung, die über das Geschlecht entscheidet oder sogar einen Geschlechterwechsel auslösen kann (siehe unten).

10

11

13

12 Vorhergehende Doppelseite: Orangeringel-Clownfische *Amphiprion ocellaris* sind monogam, das Männchen ist kleiner als das Weibchen.

13 Bachforellen *Salmo trutta fario* schlagen Laichgruben, die etwa dreimal so lang und halb so breit sind wie der Körper des Weibchens. Die Eier werden in einer Tiefe von 7 bis 26 cm eingegraben.

Damit Sex möglich wird ...

Aber auch die Aussage «die meisten dieser Fische sind entweder männlich oder weiblich» ist gleich wieder einzuschränken: Verschiedene gonochoristische Arten (das heißt, die Geschlechter sind getrennt) durchlaufen juvenil eine weibliche Phase, in der sie erst Ovarien ausbilden (die allerdings nicht funktionsfähig werden), um später zu Männchen werden. Andere Arten funktionieren tatsächlich als Zwitter, entweder zeitlich nacheinander – zuerst als Männchen und dann als Weibchen (protandrisch, zum Beispiel Dorade *Sparus aurata*) – oder umgekehrt (protogyn) oder – seltener – gleichzeitig. Sukzessive (oder sequenzielle) Zwitter kennen wir in 13 Familien, vor allem bei Fischen im Korallenriff (zum Beispiel *Anthias*). Der bekannte Anemonenfisch *Amphiprion* ist protandrisch. Hier lebt ein Weibchen mit einem kleineren Männchen monogam zusammen. Wenn das Weibchen stirbt oder verschwindet, wandert ein junger, männlicher Anemonenfisch in das Revier ein, und das bisherige Männchen wandelt sich in das Weibchen um. In den Lebensräumen dieser Fische streunen ständig junge unreife Männchen herum, die nur auf derartige Gelegenheiten für Invasionen zu warten scheinen. Bei protogynen Arten, die häufigere Form, leben mehrere Weibchen im Harem mit einem Männchen. Wenn dieses verschwindet, entwickelt sich das stärkste, größte Weibchen zu einem Männchen (zum Beispiel beim Zackenbarsch *Epinephelus*). Simultane Zwitter sind vor allem aus der Tiefsee sowie bei Korallenfischen (zum Beispiel Serranidae) bekannt. In Lebensräumen, die entweder isoliert sind (Korallenriffe sind oft große Distanzen voneinander entfernt) oder in denen die Partnersuche aus anderen Gründen erschwert ist (die dunkle Weite der Tiefsee!), ist es von Vorteil, wenn man sicherstellt, dass Sex möglich wird. Bei den Anglerfischen der Tiefsee, zum Beispiel *Ceratias sp.*, ist das Aufeinandertreffen von Geschlechtspartnern anscheinend so selten, dass, wenn sich Männchen und Weibchen treffen, diese miteinander verwachsen. Dabei schließt sich der Blutkreislauf des Zwergmännchens an den Blutkreislauf des Weibchens an. Das Männchen frisst nicht mehr, sondern dient nur noch zur Befruchtung der Eier – es handelt sich also um einen Fall eines Sexualparasiten.

Fische im Süßwasser sind sehr viel seltener als Zwitter aktiv. Wir kennen zum Beispiel selbstbefruchtende Zahnkärpflinge in afrikanischen Seen. Aber auch in unseren Gewässern gibt es Erstaunliches: Bei der einheimischen Karausche oder Giebel *Carassius auratus gibelio* sind nur Weibchen bekannt. Zur Befruchtung der Eier schwimmen die Fische in Laichschwärme verwandter Arten. Das Auftreffen von deren Spermien auf die Eier des Giebels stellt einen Auslösemechanismus für die Eientwicklung dar, ohne dass es zur Befruchtung, also zum Verschmelzen von Ei- und Samenzelle, kommt. Solche sich asexuell fortpflanzenden Populationen sind von verschiedenen Arten bekannt. Sie haben zumindest kurzfristig einen Vorteil, da sie sich nicht mit Sex und der energetisch aufwändigen Ausbildung zweier Geschlechter aufhalten müssen.

Neben den Gonaden als primären Geschlechtsorganen gibt es bei vielen Fischen auch sekundäre Geschlechtsmerkmale. Einige Arten tragen Hochzeitskleider. Meist sind es die Männchen, die farbenprächtig daherkommen (Buntbarsche; Stichling, Saibling *Salvelinus*). Bei den Lachsen haben die Milchner (die männlichen Tiere) Laichhaken ausgebildet, die sie beim Kampf mit Rivalen einsetzen. Bei vielen Karpfenverwandten sind während der Laichzeit Laichausschläge oder Tuberkel zu beobachten. Andere Arten bilden eine Legeröhre aus, durch die die Eier abgelegt werden (Elritze). Größendifferenzen sind ebenfalls weit verbreitet, wobei meist die Weibchen größer sind. Viele Arten, wie beispielsweise der Hering, lassen jedoch kaum oder gar keine Geschlechtsunterschiede erkennen.

14 Springender Lachs auf seiner Laichwanderung stromaufwärts.

Balz, Brutpflege und Kinderstube

15

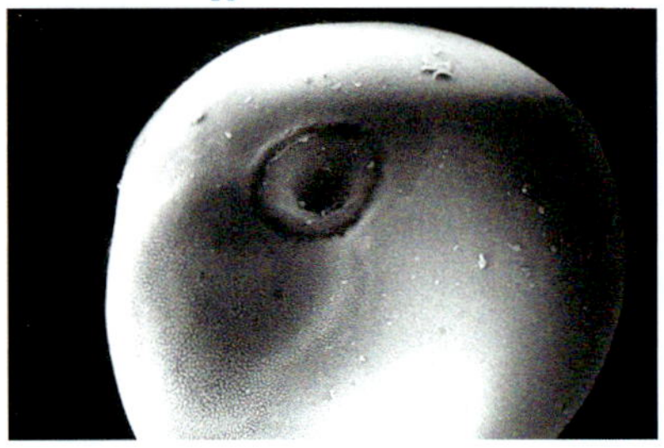

Wenn wir uns die Weite des Meeres, schnell fließende Flüsse oder trübe Gewässer vorstellen und dann von äußerer Befruchtung bei Fischen hören, erscheint uns eine erfolgreiche Fortpflanzung wie reines Glück. Verhindern da nicht Strömungen, Gezeiten, Räuber und viele Zufälle einen Bruterfolg? In der Tat setzen nicht alle Fische auf die pure Wahrscheinlichkeit der großen Zahl an Keimzellen, sondern es hat sich bei vielen Arten ein ausgeklügeltes Zusammenspiel entwickelt, ein Fortpflanzungsverhalten, das die Wanderung zum Laichplatz, Vorbereitung und Verteidigung desselben, Balz, Partnerwahl und Brutpflege umfasst.

Wir können zwei Typen von Laichern unterscheiden: solche mit pelagischen Eiern und Fische, die ihre Eier am Grund ablegen. Frei schwebende Eier finden wir vor allem bei marinen Arten, meist bei Hochsee-

16

Warum die Flossen Flecken haben – Eiflecken bei Cichliden

(Walter Salzburger)

Die Buntbarsche (Cichliden) sind eine der artenreichsten und vielfältigsten Fischgruppen überhaupt. Geschätzte 3000 bis 5000 Arten besiedeln tropische und subtropische Flüsse und Seen in Indien, Sri Lanka, Madagaskar, Süd- und Mittelamerika sowie Afrika. Von besonderer Artenfülle sind die sogenannten Artenschwärme in den Großen Seen im Ostafrikanischen Grabenbruch. Der Viktoria-, Malawi-, und Tanganjika-See beherbergen jeweils mehrere Hundert Arten endemischer, also nur im jeweiligen See vorkommender, Buntbarsch-Arten. Die meisten Arten gehören zu einer einzigen Gruppe, den Haplochrominen. Diese zeichnen sich durch ein besonderes Paarungs- und Brutpflegeverhalten aus. Die Weibchen der Haplochrominen brüten ihre relativ großen Eier und Larven nämlich im Maul aus. Unmittelbar nach der Ablage ihrer Eier, und noch vor deren Befruchtung durch das Männchen, nehmen die Weibchen diese auf, was wohl als Anpassung gegenüber Fressfeinden zu sehen ist, die sich auf nährstoffreiche Fischeier spezialisiert haben. Die Männchen verwenden nun einen «Trick», um die Eier im Maul der Weibchen zu befruchten. Die Männchen der Haplochrominen haben nämlich gelbe Flecken auf ihrer Analflosse, die den Fischeiern sehr ähnlich sind («Eiflecken»). Diese Ei-Attrappen werden nun dem Weibchen präsentiert, indem das Männchen seine Flanke zeigt und mit den Flossen zuckt. Die Weibchen reagieren auf die Eiflecken und versuchen, die vermeintlichen Eier in ihr Maul aufzunehmen. Wenn sie nach den Ei-Attrappen schnappen, bringen sie ihr Maul in die Nähe der männlichen Geschlechtsöffnung unmittelbar vor der Analflosse. In diesem Moment entlässt das Männchen sein Sperma, und die Eier werden im Maul des Weibchens befruchtet.

18

17

15 Ein Ei des Rapfen *Aspius aspius* mit Mikropyle.
16 Orangeringel-Clownfisch *Amphiprion ocellaris;* ein Männchen bei der Brutpflege.
17 Ein Buntbarsch der Gattung *Haplochromis sp.*, ein Männchen mit Eiflecken auf der Analflosse.
18 Das Weibchen schnappt nach den Eiflecken auf der Analflosse des Männchens.

fischen und bei den meisten Korallenfischen. Diese Eier sind in der Regel kristallklar und durchsichtig und zwischen 0,25 und 20 Millimeter im Durchmesser. Sie werden durch die Strömung verdriftet und sind durch viele Räuber gefährdet. Die Fekundität ist bei diesen Arten sehr viel höher als bei Süßwasserarten und bei Arten mit Brutfürsorge, wir zählen sie daher zu den r-Strategen. Man nimmt an, dass eine große Zahl kleiner Larven bei pelagischen marinen Fischen von Vorteil ist, da dann wenigstens einige der Larven die Chance haben, passendes Futter – planktonische Organismen, die fleckenhaft über ein großes Wasservolumen verteilt sind – zu finden. Spezifisches Fortpflanzungsverhalten und Balz ist bei im Schwarm laichenden Arten wenig bekannt, womöglich ist es nur schwach ausgeprägt. Wenn im Schwarm gelaicht wird, ist es jedoch auch schwerer, spezifische Verhaltensmuster zu identifizieren.

Die meisten Süßwasserarten und küstenbewohnende Fische legen Eier, die absinken (nicht verwunderlich, da ihre Körperflüssigkeiten einen höheren Salzgehalt aufweisen als das Wasser und demnach auch ihre Eier schwerer sind), sie sind so besser vor Fressfeinden geschützt, aber Sauerstoffmangel und Sedimentablagerungen stellen eine große Gefahr dar. Oft werden die Eier auch an Pflanzen angeheftet, vergraben oder in ein Nest gelegt. Auf diese Weise wird der Bestand dieser Fische an Ort und Stelle gesichert und geschützt, ohne dass der Nachwuchs ins Meer abgetrieben wird oder sofort Räubern oder kannibalistischen Artgenossen zum Opfer fällt. Die Eier sind zudem größer als bei marinen pelagischen Fischen, und es schlüpfen daraus größere Larven mit besseren Schwimmfähigkeiten, wodurch die Gefahr, ins Meer abgetrieben zu werden, weiter sinkt.

Balz finden wir meist bei Fischen, die eher den K-Strategen zuzuschlagen sind, da auch das Balzverhalten energie- und zeitaufwändig ist. Vor allem bei polygamen Arten ist die Balz auf kurze Zeiträume beschränkt. Bei monogamen Arten wie dem Hamletbarsch *Hypoplectrus* ist Balzverhalten häufig und über lange Zeiträume zu beobachten. Eine Besonderheit bilden die Zwergmännchen einiger Arten. Diese haben nur geringe Chancen, ein Territorium zu besetzen und erfolgreich zu verteidigen. Sie versuchen jedoch, aus diesem Nachteil als sogenannte «Sneakers» einen Vorteil zu ziehen: Bei den monogamen Schmetterlingsfischen (Chaetodontidae) verfolgen sie ein balzendes Paar und versuchen, sich an der Befruchtung der abgegebenen Eier zu beteiligen. Ähnliches ist von Salmoniden bekannt, wo kleine, frühreife Männchen die Jugendfärbung beibehalten und aus einer unauffälligen Position am Rande des Hochzeitstanzes im Moment der Ei- und Samenabgabe dazwischenschwimmen, um zumindest einen Teil der Eier selber zu befruchten. Um ihren Befruchtungserfolg sicherzustellen, produzieren viele Sneakers entweder deutlich mehr Spermien oder ihre Spermien haben eine längere Lebensdauer. Eine andere Strategie verfolgen die «Satelliten»: Das sind kleine Männchen, die jedoch in der Färbung Weibchen gleichen. Sie nehmen aktiv an der Balz und dem Laichvorgang teil und versuchen ebenfalls, die abgegebenen Eier zu befruchten. Sie paaren sich also sowohl – scheinbar – mit dem Männchen als auch – tatsächlich – mit dem Weibchen!

Innere Befruchtung kennen wir in 13 Familien von Teleosteern (Knochenfischen): Die Jungen werden dann als frei schwimmende Larven freigesetzt. Lebendgebären ist beispielsweise bei den Zahnkärpflingen (Cyprinodontiformes) gut vertreten. Oftmals sind kapillare Netzwerke ausgebildet, die den Embryo aus dem mütterlichen Blutkreislauf ernähren (zum Beispiel beim Zwergkärpfling *Heterandria formosa*). Bei lebendgebärenden Verwandten des Guppy *Poecilia reticulata* trägt das Weibchen gleichzeitig mehrere Würfe in verschiedenen Entwicklungsstadien in sich.

Bei Seepferdchen und Seenadeln «brüten» die Männchen die Eier aus. Am weitesten entwickelt ist diese Form

19 Banggai-Kardinalbarsch *Pterapogon kauderni*: Dieses Jungtier ist einen Tag alt.

20

der Brutpflege bei den Seepferdchen: Das Weibchen überträgt die Eier aus einem penisartigen Ovidukt in die Bruttasche der Männchen, wo sie befruchtet werden und sich entwickeln. Auch nach dem Schlupf werden die Jungen noch hier geschützt, bis sie selbst gut schwimmen können. Maulbrüter sind ebenfalls in mehreren Familien vertreten (Aridae, Cichlidae, Kardinalfische und Osteoglossidae). Hier werden die Jungen nicht nur bis zum Schlupf im Maul geschützt, sondern kehren bei Gefahr auch noch eine Zeit lang ins schützende Maul zurück. Brutpflege in irgendeiner Form findet sich bei 22 Prozent der Teleosteer-Familien, meist sind es fürsorgliche Männchen. Die Brutpflege umfasst oft das Bewachen der Eier, das Zufächeln von sauerstoffreichem Wasser und das Entfernen von Sediment und toten Eiern. Einige Arten betreiben großen Aufwand, um ein regelrechtes Nest zu bauen, in dem sich der Nachwuchs weitgehend ungestört entwickeln kann. Die männlichen Stichlinge bilden ein Sekret, mit dem sie ein Nest bauen, eine an verrottenden Pflanzen angeheftete Röhre oder Grube. Das Weibchen wird zur Eiablage ins Nest gelockt und anschließend daraus vertrieben. Das Männchen befruchtet die Eier und wiederholt diese Prozedur, bis genügend Eier abgelegt sind. Es bewacht dann die Eier und fächelt ihnen frisches, sauerstoffreiches Wasser zu. Auch nach dem Schlupf schützt das Männchen die Jungen noch einige Tage, zunächst im Nest, später als Gruppe vor dem Nest. Aus der Lachsverwandtschaft ist ebenfalls Nestbau bekannt. Bei den meisten Salmoniden gräbt das laichreife Weibchen eine Grube im lockeren Kies, in dem es mit kraftvollen Schwanzschlägen den Kies zur Seite wirbelt. In diese Laichgruben werden dann die Eier gelegt, die sofort durch das Männchen befruchtet werden. Anschließend verteilt das Weibchen mit derselben Technik wieder Kies über die Eier, die sich so geschützt entwickeln können. Die Entwicklungszeit der Eier bis zum Schlupf beträgt je nach Art und Temperatur zwischen einem und drei Monaten. Die Larven besitzen einen großen Dottersack und bleiben im Kies, bis sie diesen Dottervorrat aufgebraucht haben, je nach Art sind das 20 bis 130 Tage. Erst dann graben sie sich zur Oberfläche durch und besie-

21

22

deln im freien Wasser ihren neuen Lebensraum. Bei einigen südamerikanischen und afrikanischen Zahnkärpflingen hat sich eine Diapause entwickelt: Während Phasen mit besonders ungünstigen Umweltbedingungen können die Eier ihre Entwicklung stoppen.

Weitere K-Strategen mit hoch entwickelten Formen der Brutfürsorge finden wir bei den Haien und Rochen. Sie bilden aus den paarigen Bauchflossen paarige Penisse oder Klammerorgane, mit denen Sperma ins Weibchen übertragen wird, sie haben also eine innere Befruchtung entwickelt. Die Eier werden dann im Ovidukt mit einem großen Dottervorrat versehen und anschließend von einer schützenden Hornkapsel umkleidet und so ins Wasser entlassen (Chimären, einige Rochen, vier Haifamilien). Bei lebendgebärenden Haien, die wohl neunmal unabhängig entstanden sind, werden die Embryonen entweder durch einen Dottersack versorgt (Dornhaie), oder sie wachsen in einer Gebärmutter im Weibchen heran, die durch eine Nabelschnur mit dem Embryo verbunden ist (Hammerhaie Sphyrnidae, Blauhai *Prionace glauca*) und schlüpfen als fertig ausgebildete kleine Haie. Für die Geburt suchen die Haie oft Flachwasserbuchten auf, in denen die Jungen vor Räubern geschützt sind. Die Mütter fasten während ihres Aufenthaltes in diesen «Geburtsbuchten». Beim Sandtiger-Hai *Carcharias taurus* ernähren sich die heranwachsenden Embryonen von Geschwister-Embryonen, und nach einer Tragzeit von zwei Jahren werden sechzig Zentimeter große Junge geboren. Bei Rochen wird im Uterus eine fett- und eiweißreiche Milch in Drüsen, ganz ähnlich wie bei den Säugetieren, gebildet. Diese Flüssignahrung wird durch fadenförmige Fortsätze direkt in den Embryo geleitet. Aus der mit der K-Strategie einhergehenden Populationsdynamik lässt sich leicht ableiten, dass wahlloses Abschlachten die Populationen schnell an den Rand des Aussterbens bringen kann.

20 Zu den häufigsten Haiarten gehört der Bogenstirn-Hammerhai *Sphyrna lewini*, im Bild ein Weibchen.

21 Ein junger Kleingefleckter Katzenhai *Scyliorhinus canicula* mit Eihülle. Die Eihülle rechts im Bild ist die eines Großgefleckten Katzenhais *Scyliorhinus stellaris*, sie besitzt stärkere Haltefäden.

22 Die Eier des Blattfischs *Monocirrhus* werden an Blätter geklebt. Vor dem Laichen wird das Substrat intensiv gereinigt, das Gelege wird dann vom Männchen bewacht und gepflegt, die Jungen schlüpfen nach vier Tagen.

Fortpflanzung – der optimale Zeitpunkt?

Das Alter bei der ersten Geschlechtsreife schwankt sehr stark, es gibt Arten, die sind nach wenigen Wochen geschlechtsreif (einige Zahnkärpflinge in temporären Gewässern der Tropen und Subtropen, verschiedene Korallenfische), andere brauchen mehrere Jahre (zum Beispiel: Dornhai: 10 Jahre). Als Faustregel gilt, dass Arten in stabilen Umwelten und mit gutem Futterangebot erst einmal in das Wachstum investieren und dann größere und mehr Eier produzieren können, während Arten in schlecht vorhersehbaren Umwelten, wo die Überlebenswahrscheinlichkeit niedrig ist, sich früher reproduzieren, denn man weiß ja nie, was noch kommt …

Es gibt Fische, die nur einmal im Leben zur Fortpflanzung kommen, dazu gehören der Pazifische Lachs *Oncorhynchus* und der Europäische Aal. Bei beiden Arten sterben die Elterntiere nach dem Laichgeschäft. Viele Fische pflanzen sich mehrmals im Leben fort. Dabei geben einige Arten ihre Eier einmal während der Laichsaison ab (Hecht, Atlantischer Lachs, Forelle, viele Cypriniden), andere verteilen dies auf mehrere Eiablagen (viele Karpfenverwandte und Zahnkärpflinge, Stichling). Was die beste Jahreszeit betrifft, so steht das Wohl des Nachwuchses im Zentrum: Die Larven sollen in einer Zeit schlüpfen, die ihnen Nahrung, Schutz vor Räubern und gute abiotische Lebensbedingungen bietet. Dementsprechend findet die Fortpflanzung häufig nur in einer bestimmten Zeit während des Jahres statt. Die Larven sind hinsichtlich der Größe der Futterpartikel durch ihre Maulöffnung limitiert, viele Larven schlüpfen bei uns deshalb im Frühjahr, wenn Plankton ausreichend vorhanden ist. Je schneller die Jungen wachsen, desto rascher können sie ein größeres Nahrungsspektrum nutzen, und desto weniger sind sie durch Räuber bedroht. Außerdem können sie mit zunehmender Größe längere Hungerphasen überstehen.

Wie wissen die Fische, wann es Zeit zur Fortpflanzung ist? Im Unterschied zu den Säugetieren reifen die Gonaden bei den Fischen jedes Jahr aufs Neue. Nach dem Laichgeschäft werden sie zurückgebildet und das Gewebe tritt in ein Ruhestadium ein. Auslöser für die erneute Gonadenreifung sind sowohl innere Hormonzyklen als auch äußere Umweltkomponenten, wie Tageslänge, Nahrungsverfügbarkeit, Temperatur und andere. Wie stark die Gonadenreifung durch äußere Umstände beeinflusst wird, zeigt sich, wenn Arten in andere Regionen verfrachtet werden und sich auch dort erfolgreich fortpflanzen können. Die nordamerikanische Regenbogenforelle *Oncorhynchus mykiss* in unseren Ländern und unsere heimische Bachforelle an der nordamerikanischen Pazifikküste oder in Neuseeland sind Beispiele für gute Anpassungsfähigkeit. Bei manchen Arten wird der Zeitpunkt der Fortpflanzung auch durch den Mondzyklus oder die Tageszeit stärker determiniert: So laichen viele Fische des Korallenriffs in der Abenddämmerung, wenn der Fraßdruck durch die Räuber geringer ist. Manche Fische dieses Lebensraums laichen über eine längere Zeitspanne täglich, während die Laichsaison von Fischen in höheren Breitengraden sehr kurz ist. Doch die komplexe Abfolge der Gonadenreifung, gesteuert durch Hormone, ist das eine, das tatsächliche Laichen hingegen erfordert die passende Umwelt (zum Beispiel Laichsubstrate, Tag-Nacht-Zyklus), zusätzliche Stimuli (roter Bauch der Stichlingsmännchen, akustische Signale bei Dorschverwandten) und muss zwischen den Geschlechtspartnern genau abgestimmt sein, damit der Aufwand von Erfolg gekrönt ist. Man geht heute davon aus, dass die laichreifen Weibchen Pheromone ins Wasser abgeben, die bei den Männchen das Balzverhalten und die Freisetzung der Spermien in den Ausführgang stimulieren. Im Gegenzug löst dann das Balzverhalten der Männchen die Abgabe der Eier aus. Doch schon Störungen des Wasserchemismus schaffen Probleme: Saurer Regen senkt den pH-Wert des Wassers, was die Gonadenreifung zum Beispiel bei Regenbogenforellen stört.

23 Typische Verwachsungen der Gonaden bei Felchen *Coregonus sp.* aus dem Thunersee.
Links: Verwachsung eines Hodens mit der seitlichen Rumpfmuskulatur.
Rechts: Ein Teil eines Eierstocks ist an der Körperwand angewachsen.

Das Rätsel der Thunersee-Felchen

(Thomas Wahli und Daniel Bernet)

Seit dem Jahr 2000 fielen den Berufsfischern vom Thunersee Felchen *Coregonus lavaretus* mit veränderten Geschlechtsorganen auf. Die Veränderungen waren in ihrer Häufigkeit und Ausprägung einzigartig. Die Felchen aus dem Thunersee zeigten signifikant mehr Verwachsungen von Gonaden mit der Körpermuskulatur, unterteilte Gonadenstränge, fehlende oder unterentwickelte Geschlechtsorgane und Zwitterstadien als Fische aus anderen Seen. Munitionsversenkungen im Thunersee durch die Schweizer Armee in den Jahren 1920 bis 1963 sowie Emissionen von Chemikalien während des Tunnelbaus am Lötschberg von 1994 bis 2007 warfen die Frage nach möglichen Zusammenhängen zwischen Umweltchemikalien und Gonadendeformationen auf. Aufwändige Ursachenabklärungen zeigten, dass die Gonadenveränderungen nicht in Zusammenhang mit hormonaktiven Substanzen stehen. Sie sind auch nicht Folge von Hybridisierungs- oder Inzuchteffekten zwischen den Felchenformen. Eine Vererbung der Veränderungen konnte ebenso als Ursache ausgeschlossen werden wie eine unsachgemäße Aufzucht der Felchen in der Zuchtanlage. Felchen, die in einem Laborexperiment auf Thunerseesediment aus dem Bereich der Munitionsdeponien erbrütet wurden, entwickelten keine der charakteristischen Gonadenveränderungen. Weitere Aufzuchtexperimente lieferten hingegen die wegweisende Erkenntnis, dass die Gonadenveränderungen durch die Aufnahme von Thunersee-Zooplankton – dem natürlichen Futter der Felchen – ausgelöst werden. Microarray-Analysen wiesen zudem auf eine Disregulation des Immunsystems bei deformierten Felchen hin. Das Rätsel vom Thunersee ist aber noch nicht gelöst. Das Spektrum der Wirkungswege konnte jedoch bedeutend eingeengt werden. Weiterführende Untersuchungen sind geplant.

23

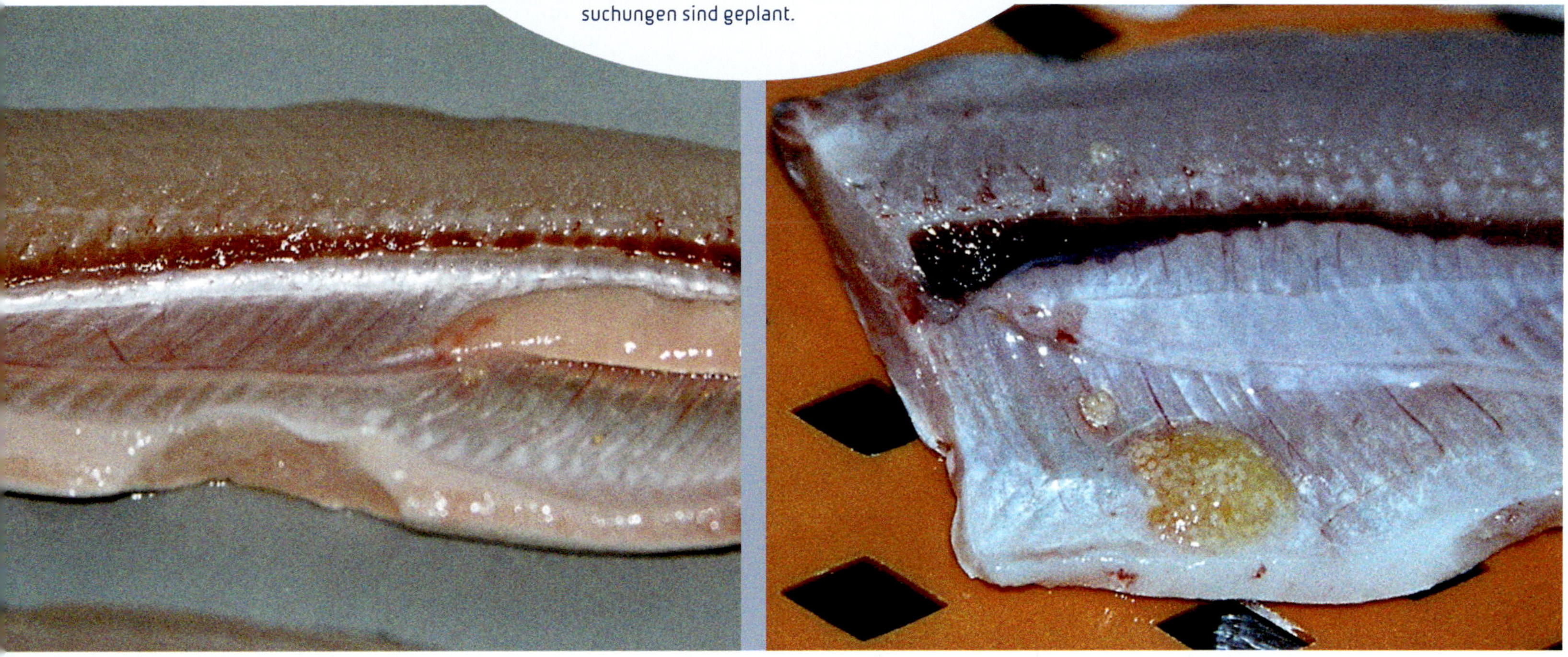

1

Meere, Seen, Flüsse – Gewässer aus der Fisch-Perspektive

3

Lebensräume

Meere, Seen und Fließgewässer sind miteinander verwoben: So erhalten Randmeere viele ihrer Nährstoffe aus Flüssen, in Mündungsbereichen leben Brackwasserarten, die weit in die Flüsse aufsteigen können, um zum Beispiel dort zu laichen. In Seen entwickelt sich Plankton, das nicht nur in den Seen selbst, sondern auch in den sich anschließenden Fließgewässern der Fischbrut als Nahrung dient. Aquatische Lebensräume sind charakterisiert durch Ausdehnung, Eindringtiefe des Lichts, Salz-, Sauerstoff-, Nährstoffgehalt und Temperaturverhältnisse, Strömung und Vernetzung mit dem Land. Diese Merkmale werden im Folgenden kurz umrissen und ergänzt durch die exemplarische Darstellung menschlicher Eingriffe in die Lebensräume.

Die Veränderung von Habitaten wird heute als der wichtigste singuläre Grund für die Bedrohung der Artenvielfalt angesehen. So ging im letzten Jahrhundert etwa die Hälfte der Küstenfeuchtgebiete verloren, vor allem durch Bautätigkeit. Ein Viertel der Korallenriffe sind stark beschädigt, meist durch menschliche Einflüsse. Mehr als ein Drittel der ursprünglichen Mangrovenwälder wurden dem Bau von touristischen Anlagen, Straßen, Marinas und Golfplätzen oder der Errichtung von Aquakulturen geopfert. Im Bereich des Süßwassers haben wir das gleiche Problem: In der Schweiz sind in den letzten 100 Jahren 90 Prozent der Feuchtgebiete verschwunden und damit die Hälfte der Fisch- und Amphibienarten. Besonders Arten, die in verschiedenen Lebensphasen auf unterschiedliche Lebensräume angewiesen sind, sind in vielen Ländern gefährdet. So sind die acht in der Schweiz ausgestorbenen Arten mit einer Ausnahme (Huchen *Hucho hucho*) alles diadrome Arten (zwischen Meer und Süßwasser wandernd). Es ist deshalb wichtig, die Ansprüche unserer Fische an die Lebensräume zu kennen, damit diese entsprechend geschützt werden können.

2

1 Vorhergehende Doppelseite: Der Howse River – eine natürliche Flusslandschaft im Banff Nationalpark in Kanada.

2 Feuchtgebiete wie flache Tümpel sind in unseren Ländern in den letzten Jahrzehnten besonders häufig verloren gegangen.

3 Der Graureiher lebt in vielen Gebieten Europas. Zu seinem Nahrungsspektrum gehören auch Fische.

Das Wasser

3

Das Leben im Wasser stellt verschiedene Ansprüche an die Fische, dabei prägen grundlegende physikalische Besonderheiten die Lebensbedingungen. Eine häufige Frage ist, weshalb Fische im Winter nicht einfrieren. Wasser hat seine höchste Dichte bei vier Grad Celsius. Das hat zur Folge, dass kälteres Wasser, und eben Eis, an der Oberfläche schwimmt. Am Boden sammelt sich das schwere, vier Grad Celsius warme Wasser. Wäre das nicht so, würden die Gewässer vom Boden her zufrieren, und die Fische würden bei länger dauerndem Frost und flachen Gewässern bald auf einer Eisfläche ersticken. Ein Wasserkörper reagiert auf Wärme und Kälte recht träge, er gibt die Wärme nur sehr langsam wieder ab und ist so ein guter Wärmespeicher. Deshalb, und wegen der oben beschriebenen Dichteanomalie des Wassers, sind die Temperaturunterschiede in einem Wasserkörper geringer als in den Luft- und Landmassen. Unsere Fische haben also in der Regel geringere Temperaturunterschiede zwischen Tag und Nacht, zwischen Sommer und Winter zu verkraften als Lebewesen an Land.

Flüsse, Bäche und Seen

4

Das Süßwasser beherbergt überproportional viele Fischarten: Obwohl es nur 0,0093 Prozent der weltweiten aquatischen Habitate einnimmt, leben hier mehr als 40 Prozent aller Fischarten. Warum ist das so? Es gibt hier sehr viel mehr kleinräumig verschiedene Habitate, die überdies markanter voneinander getrennt sind als die in den Ozeanen. Die Artenvielfalt, die sich in kleinen, quasi-isolierten Räumen entwickelt, ist enorm. Schon einige Tausend Jahre der Isolation erlauben es, dass sich eine reiche Fischfauna mit vielen endemischen Arten ausbildet. Im Süßwasser besonders erfolgreich sind die Ostariophysi, eine Untergruppe der echten Knochenfische, die sich alle durch den Besitz des Weber'schen Apparats auszeichnen (vgl. Kap. 1). Die Eiszeiten haben verheerende Wirkungen auf die Fischfauna gehabt, verglichen mit ähnlichen Gebieten auf anderen Kontinenten, ist deshalb die Artenzahl bei uns recht bescheiden.

Afrika	Ostariophysi (>2500 Arten), Cyprinoidei, Cichliden (1800 Arten)
Südamerika	Ostariophysi (>2500 Arten), Characoidei (>1500 Arten), Siluriformes (>1100 Arten)
Asien	Cyprinoidei
Nordamerika	Cyprinidae (331 Arten)
Australien	346 Arten; häufig sind Gobiidae und Eleotridae
Europa	546 Arten; häufig sind Cyprinidae (248 Arten)

Tabelle 3: Dominante Fischgruppen in verschiedenen Süßwasserregionen der Welt

5

6

Bäche und Flüsse zeichnen sich durch eine Fließrichtung, schwankenden Abfluss und instabile Flussbetten aus. Sie enthalten mit 0,0001 Prozent nur einen Bruchteil aller Wasservorräte der Erde, jedoch eine große Menge des nutzbaren Süßwassers. Im Verlauf der Fließrichtung nehmen Sauerstoffgehalt und Fließgeschwindigkeit in der Regel ab, Wasserführung, Gewässerbreite und Trübung hingegen nehmen in Richtung auf die Mündung zu. Die Struktur des Bachbetts ist zunächst durch grobe Blöcke und Steine gekennzeichnet, deren Größe im Flussverlauf abnimmt, bis schließlich im Mündungsbereich Schlick und Sand dominieren.

Entlang des Flussverlaufs können wir Gewässerregionen unterscheiden, die nach sogenannten Leitfischarten benannt werden: In der Bachforellenregion, in der außer dieser Art noch Groppen (Cottidae) vorkommen, haben wir klare, turbulente, sommerkühle Gewässerabschnitte (selten über zehn Grad Celsius). Es schließt sich die Äschenregion an, in deren schnell fließendem Wasser sich auch Bachforellen, Lachse, Hasel *Leuciscus leuciscus*, Döbel (Alet) *Leuciscus cephalus* und Schmerle *Noemacheilus barbatulus* tummeln (selten über 15 Grad Celsius). In der Barbenregion lassen Gefälle und Strömung nach. Wir treffen auf Rotaugen, Rotfedern, Lauben *Alburnus alburnus*, Flussbarsche *Perca fluviatilis*, Hasel und Döbel. Noch weiter abwärts können die Temperaturen im Sommer auf über 20 Grad Celsius klettern. Hier ist die Brachsme

4 Uferbereich eines Sees mit einem Jungfischschwarm.

5 Die Groppe *Cottus gobio* ist eine Begleitfischart in Bachforellenregionen.

6 Rotaugen *Rutilus rutilus* – gehören zu den häufigsten Fischen im Rhein, die außer im Hochrhein in allen Rheinabschnitten angetroffen werden.

7

(Brachse) *Abramis brama* die Leitfischart, sie wird von Karpfen, Schleien *Tinca tinca* und Aalen begleitet. Wenn wir uns die Körperformen ansehen, erkennen wir die bevorzugte Bewegungsart: Aktive, muskulöse Fische mit stromlinienförmigen Körpern treffen wir in den oberen, schneller fließenden Flussabschnitten an. Sich gemächlicher bewegende Fische, die sich im ruhigen Wasser zwischen verwurzelter Vegetation aufhalten, sind hochrückig und haben einen langsameren Stoffwechsel, brauchen also auch nicht so viel Sauerstoff (dessen Gehalt, wie erwähnt, in den unteren Fließgewässerabschnitten niedriger ist) wie die schnellen Schwimmer. Trotz dieser beobachtbaren Untergliederung sind solche Konzepte theoretisch: Einige Opportunisten lassen sich entlang der meisten Gewässerabschnitte finden, so ist das Rotauge im Rhein von der Quelle bis zur Mündung die am weitesten verbreitete Art.

Aus der Luft betrachtet, erkennen wir Flussläufe als schmale Bänder in der Landschaft. Im Vergleich zu den anderen Wasser-Lebensräumen haben Fließgewässer die größte Berührungsfläche mit ihrem Umland, bauliche Eingriffe wirken sich deshalb besonders stark auf ihre Bewohner aus. Die Ufervegetation steht in vielfältiger Wechselwirkung mit dem Gewässer: Der Eintrag von Laub und Insekten liefert den Flussbewohnern Nahrung, die Beschattung des Bachbetts verringert im Uferbereich die Wassertemperatur und die Primärproduktion der im

7 Mäandrierender Fluss mit Galeriewald in Kenia.
8 Fragmentierungen unterbrechen die Kontinuität des Flusses.
9 Bau eines Umgehungsgerinnes.

8

9

Bach lebenden Pflanzen. Umgekehrt sind Grundwasserspiegel und Hochwasser mitbestimmend für die Art der Vegetation am Ufer. Fische beeinflussen ihre Biozönose einerseits durch Entnahme der Nährtiere, andererseits stellen sie eine Nahrungsquelle für fischfressende Raubtiere wie auch für den Menschen dar. Der damit verbundene Biomassefluss lässt sich abschätzen: Damit ein Raubfisch ein Kilogramm Gewicht auf die Waage bringt, muss er zehn Kilogramm Beutefisch gefressen haben, ein 20-pfündiger Hecht *Esox lucius* hat also im Laufe seines Lebens 100 Kilogramm Fisch vertilgt. Der Nahrungsbedarf fischfressender Vögel ist gut bekannt: Ein Kormoran benötigt täglich 500 Gramm Fisch, ein Gänsesäger 300 Gramm und ein Graureiher 170 Gramm.

Flüsse und Flusstäler – um sie stritten schon immer alle Nutzer: Menschen siedeln seit Urzeiten gerne an Flüssen (der Fluss als Lebensader liefert Wasser, ermöglicht Transporte und entsorgt den Abfall), der Straßen- und Schienenverkehr bedient sich der ebenen Täler, und die Landwirtschaft trifft dort auf fruchtbare, ebene Böden. Durch den Bau von Siedlungen und Verkehrsadern und die Anlage landwirtschaftlicher Nutzflächen wird den Flüssen immer weniger Platz zugestanden. Die enge Nachbarschaft zum Fluss, der bei Hochwasser große Flächen beansprucht, erhöht das Bedürfnis nach Hochwasserschutz. Die Folge sind begradigte Flüsse mit stabilisierten Ufern und Sohlen und Verlust der Auenlandschaft. Fragmentierungen und Monotonisierungen sind die häufigsten Veränderungen im Fließgewässerbereich. Sohlenverbauungen stören den Austausch mit dem Grundwasser, Uferverbauungen schränken die ufernahen Flachwasserbereiche und die Unterstände unter der Ufervegetation ein. Querverbauungen wie Abstürze oder Kraftwerke stören das Längskontinuum des Flusses und verhindern oder erschweren so Migrationen der Fische (und ihrer Nährtiere). Müssen Fische Turbinen passieren, ist das je nach Turbinengröße, Turbinentyp und Fischgröße mit erheblicher Mortalität verbunden. Für die Wanderung werden Fischauf- (und teilweise auch) -abstiegshilfen wie Fischtreppen, Umgehungsgewässer oder Bypässe eingerichtet, die den Fischen die Überwindung der Höhendifferenz erlauben sollen. Trotz vielfacher Anstrengungen wird das Ziel einer Durchgängigkeit für Fische nicht immer erreicht.

Speicherkraftwerke arbeiten diskontinuierlich, der Abfluss ist durch Schwall und Sunk gekennzeichnet. Das schnelle Ansteigen und Absinken des Wasserspiegels macht besonders den noch wenig schwimmstarken Jungfischen Probleme und kann sie aus ihrem Lebensraum verdriften. Wird Wasser entnommen, zum Beispiel für die Nutzung von Wasserkraft, sinkt der Wasserspiegel, Uferbereiche

10

11

10 Umgehungsgerinne sollen den Fischen den Aufstieg trotz Kraftwerken ermöglichen.

11 Eines der größten Speicherkraftwerke der Welt, Itaipu, liegt auf der Grenze zwischen Brasilien und Paraguay. Der gestaute See ist zweieinhalbmal so groß wie der Bodensee.

fallen trocken und stehen als Lebensräume nicht mehr zur Verfügung. Eingriffe in Flussläufe haben auch negative Effekte auf die Wasserqualität: Ein kleineres Wasservolumen erwärmt sich schneller – was zumindest für kälteliebende Arten nachteilig sein kann –, und zugeführte Abwässer werden weniger gut verdünnt. Durch Veränderungen in der Landwirtschaft, Bautätigkeit und Beseitigung der Ufervegetation wird mehr und mehr Sediment in Bäche und Flüsse eingetragen oder sammelt sich vor Staustufen. Das führt zur Verschlammung des Bachbetts und damit verbundenen Konsequenzen: Der Gasaustausch mit der Sohle wird schlechter, was sich negativ auf die in der Sohle lebenden Organismen auswirkt. Im Kies abgelegte Eier können sich nicht mehr entwickeln. Eine veränderte Artenzusammensetzung, die dann mehr der stehender Gewässer entspricht, ist die Folge. In den Sedimenten reichern sich zudem auch beträchtliche Mengen an giftigen, oft schwer abbaubaren

Die 9-Zimmer-Villa der Bachforelle

Je nach Alter, Größe und Aktivität suchen Bachforellen unterschiedliche Areale in einem Fluss auf. Die aus dem Kiesbett (I) schlüpfenden Larven halten sich bevorzugt im flachen Wasser auf, tagsüber kann das in schneller fließenden, flachen Bereichen (Riffles) in Bachmitte (II) sein, nachts bevorzugen sie die langsam fließenden, flachen Uferbereiche (III). Mit zunehmendem Alter schwimmen sie zum Ruhen in die Pools (IV) und wechseln zur Nahrungsaufnahme in die Riffles. Die Nahrungsaufnahme der älteren Forellen findet tagsüber im Freiwasser (V) oder in den Riffles oder gut durchströmten Pools statt, zum Ausruhen wird Schutz in den tieferen Pools mit niedrigerer Fließgeschwindigkeit (VI), in der Vegetation (VII) oder hinter Totholz (VIII) gesucht. Geschlechtsreife Salmoniden wandern im Herbst stromaufwärts in ihre Laichhabitate (IX) mit grobem, gut durchströmtem Kies einer bestimmten Größe (vgl. Kap. 2). Im Winter suchen alle Altersklassen Schutz in Unterständen und langsam fließenden Bereichen. Diese Vielfalt an Gewässerstrukturen und Tiefen- und Strömungsverhältnissen bieten unsere Bachforellengewässer natürlicherweise. Durch Verbauungen, Begradigungen und Wasserentnahmen werden die Habitate jedoch stark verändert und verlieren sehr an Attraktivität für die Fische – und letztlich auch für uns Menschen!

12

Schadstoffen an. Diese Sedimente können bei Hochwasser wieder aufgeschwemmt werden, womit die Schadstoffe erneut im Wasserkörper verfügbar werden.

Im Unterschied zu Fließgewässern sind Seen durch einen relativ stationären Wasserkörper gekennzeichnet. Nur die obere Wasserschicht ist in ständigem Kontakt mit der Luft, das hat Konsequenzen: Ein ständiger Gasaustausch und eine Angleichung an die Lufttemperatur finden nur hier statt, diese Prozesse werden durch Wind begünstigt. Diese Wasserschicht ist deshalb in unseren Breiten im Sommer wärmer als die darunterliegende, im Winter dagegen kälter. Der obere Teil des Wasserkörpers, das Epilimnion, ist gut durchleuchtet und sauerstoffreich, eine reiche Produktion an Phyto- und Zooplankton ist die Folge. Nach unten schließt sich meist eine eher schmale Sprungschicht an, in der Temperatur, Sauerstoffgehalt und das Licht stark abfallen. In meso- oder eutrophen

12 Riffle-Strecke, notwendiger Lebensraum für Bachforellen.

13

Seen ist die darunter liegende Schicht, das Hypolimnion, kalt und sauerstoffarm. Die abgestorbene organische Substanz sinkt hierhin ab und wird in die mineralischen Bestandteile zersetzt. Wenn sich im Herbst das Epilimnion abkühlt, sinkt das nun schwerer werdende Oberflächenwasser ab. Das darunterliegende wärmere Wasser ist leichter und steigt auf und durchmischt sich so mit der Oberflächenschicht. Wenn Stürme das Wasser durchwirbeln, kann die gesamte Schichtung vorübergehend verloren gehen, und Sauerstoff gelangt in untere Seeschichten. Nicht alle Seen zeigen diese Gliederung und Durchmischung. In arktischen Breiten oder in den Tropen können die Schichten sehr stabil bleiben. Sumpfgewässer sind flach, sehr sauer (pH 3,8–5,0) und haben einen dicken, von Blättern bedeckten Boden aus organischem Schlamm. Fluktuierende physikalisch-chemische Bedingungen sind für viele Fische ein Muss: Hohe Wasserstände mit Überschwemmungen im Frühjahr sind oft Voraussetzung für eine erfolgreiche Fortpflanzung. So laichen Hechte in Wiesen und Schilfgebieten, die bei Frühlingshochwässern überschwemmt werden – nach Hochwassern verzeichnen wir oft starke Hechtjahrgänge.

Anthropogene Veränderungen haben auch auf Seen mannigfache Auswirkungen. Hohe Nährstoffeinträge aus Siedlungen und Landwirtschaft führen zur Eutrophierung vieler Seen (vgl. Kap. 4). Vor allem im Sommer und Herbst kommt es mit steigenden Temperaturen zur Sauerstoffarmut im Hypolimnion, was den Lebensraum von Fischen deutlich einschränken kann. Anspruchsvolle Arten, wie die Felchen *Coregonus*, benötigen mindestens vier Milligramm Sauerstoff pro Liter. Da aufgrund intensiver Landwirtschaft und erst nach und nach einsetzendem Bau von Kläranlagen und Ringleitungen diese Werte in vielen Seen in den vergangenen Jahrzehnten nicht mehr erreicht wurden, versuchte man durch Belüftung oder eine künstliche Sauerstoffzufuhr eine Rehabilitierung dieser Seen. Während sich hierdurch die Sauerstoffverhältnisse, und teilweise auch die Felchenfänge, verbesserten, konnte eine erfolgreiche Reproduktion des Felchens noch nicht wieder erreicht werden, da die sich am Seegrund entwickelnden Eier aufgrund der hohen Sauerstoffzehrung im Sediment keine Überlebenschance haben. Langfristige und umfassende Verbesserungen werden nur durch Minimierung der Nährstoffeinträge erzielt. Die Eutrophierung führte auch zum Verschwinden von Fischarten, die sich bei einer erfolgreichen Re-Oligotrophierung wieder einstellen können, wie der «Edelfisch» *Coregonus nobilis haack* im Vierwaldstättersee.

Der durch Schiffe verursachte Wellenschlag kann ebenfalls Auswirkungen auf die Fortpflanzung von Fischen haben: Die in langen Bändern abgelegten Eier von Barschen im Bodensee sind an Uferabschnitten, die durch Wellenschlag beeinträchtigt werden, signifikant tiefer im See anzutreffen als an Plätzen, an denen keine derartigen Störungen auftreten. Es wird angenommen, dass die Barsche bei der Eiablage eine Tiefe bevorzugen, an denen der Wellenschlag nicht zur Zerstörung der Laichbänder und dem Absterben der Eier führt.

13 Ein Hecht *Esox lucius* – typischer Raubfisch in stehenden und langsam fließenden Gewässern.

14 Ein amphibischer Lebensraum am Amazonas mit *Victoria-amazonica*-Seerosen.

15 Die Pigmentierung, wie hier in der Rückenflosse eines Zanders *Sander lucioperca*, schützt vor UV-Strahlung.

Bekommen Fische einen Sonnenbrand?

Während Fische, die in sonnenbeschienenen Habitaten leben, oftmals einen Sonnenschutzfaktor im Schleim oder Pigmentzellen in der Haut haben, ist ein solcher Schutz bei Fischen in schattigen Lebensräumen nicht immer vorhanden. Wird die Ufervegetation entfernt, sind Fische vermehrt den schädlichen UV-B-Strahlen ausgesetzt. Infolge der Ausbreitung des Ozonlochs stieg zudem die UV-Strahlung in den mittleren Breiten in den letzten 20 Jahren um zehn Prozent an. Unter solchen Umständen können Fische einen Sonnenbrand erleiden, was sich in einer Verdickung der Epidermis und einer Reduktion der Schleimzellen äußert. Bei Forellen sind auch Augenschäden bekannt: Sind die Fische zu intensiver UV-B-Strahlung ausgesetzt, wird die Netzhaut verletzt und die Sehfähigkeit beeinträchtigt. Außerdem ist die Sterblichkeit von Eiern, Embryonen und Fischlarven erhöht, wenn sie verstärkter UV-B-Strahlung ausgesetzt sind. Viele Fische verfügen über Anpassungsmechanismen: So nimmt die Pigmentierung mit Melanin, ähnlich wie beim Menschen, auch bei Fischen bei erhöhter Sonneneinstrahlung zu.

15

14

Die Meere

16 Meeresküste bei Costa de la Luz, Spanien.

17 Folgende Doppelseite: Wattstrand an der Nordsee vor Harlingersiel. Bei Ebbe liegt das Watt trocken, Watvögel suchen nach Würmern, Krebsen und Muscheln. Bei Hochwasser fressen hier Fische und Garnelen. Holzpfähle, die Pricken, markieren die Fahrwasserrinne.

Für uns Landbewohner sehen die Ozeane sehr einheitlich aus. Fische dagegen finden in ihnen eine Vielzahl von Lebensräumen. Meere bedecken zirka 70 Prozent der Erdoberfläche. Sie empfangen den größten Teil der Sonneneinstrahlung. Das Licht spielt, zusammen mit dem Untergrund und den Sauerstoff-Nährstoff-Verhältnissen, die größte Rolle für die Entwicklung einer Vielzahl von Lebensräumen. Die Eindringtiefe des Lichts ist abhängig von der Trübung und Bewegung des Wasserkörpers, dem Einfallswinkel und der Wellenlänge. Kurzwelliges Licht wird stark reflektiert und schon dicht unter der Oberfläche absorbiert. Selbst bei klarstem Wasser erreichen gerade einmal 40 Prozent die Tiefe von einem Meter. Am tiefsten dringt die sichtbare langwellige Strahlung ein, das Wasser erscheint blau. Jedoch erreichen auch hier gerade mal zehn Prozent 100 Meter Tiefe. Die Zone, in der 99 Prozent des Lichts absorbiert werden, reicht, in Abhängigkeit von der Trübung, bis maximal 200 Meter Tiefe und macht sechs Prozent des Volumens des gesamten Wasserkörpers aus. Die Trübung wird durch Planktonorganismen und Schwebstoffe hervorgerufen. Der Gehalt an Nährstoffen, der besonders in Bereichen von Flussmündungen oder in Auftriebsgebieten sehr hoch sein kann, bestimmt die Produktivität der Meere und damit letztendlich den Fischreichtum. Wie im See baut sich eine Schichtung auf. Die tieferen Meere werden nie völlig durchmischt. Auf eine stabile Schichtung treffen wir in den tropischen Meeren, aber auch in Randmeeren wie der Ostsee. Ohne Durchmischung, wie zum Beispiel in den Auftriebsgebieten, werden Nährstoffe in den oberflächennahen Schichten durch Blüten des Phytoplanktons rasch aufgebraucht. So erklärt sich, dass die Primärproduktion in tropischen Meeren relativ gering ist.

Betrachten wir zunächst die Fische im freien Wasser, dem Pelagial (griech. *pelagos* = Meer). Dieses lässt sich vertikal in Stockwerke unterteilen: Das oberste ist das Epipelagial. Es reicht von der Oberfläche bis in etwa 200 Meter Tiefe. In dieser produktivsten Zone sind komplexe Nahrungsnetze ausgebildet. 250 Fischarten sind hier zuhause, ebenso die Larven und Jugendstadien vieler weiterer Arten. Typische Vertreter sind Dauerschwimmer wie Haie, Thune und ihre Verwandten, fliegende Fische Exocoetidae, Hornhechte Belonidae und Mondfische Molidae.

Daran schließt das Mesopelagial an, das nur von einem Prozent des Lichts der Oberfläche erreicht wird (200 bis 1000 Meter Tiefe). Es bietet etwa 900 Fischarten Lebensraum. Hier treffen wir auf viele biolumineszierende Arten mit großen, lichtempfindlichen Augen. Da ohne Licht kein Phytoplankton wächst, sind die hier lebenden Fische räuberisch. Sie ernähren sich entweder von abgestorbenem, oft mit Bakterien «angereichertem» Material, das in Form von «Meeresschnee» aus der produktiven Oberflächenschicht nach unten rieselt, oder sie steigen zur Nahrungsaufnahme in die euphotische Zone auf und kehren tagsüber in die schützende Dunkelheit der Tiefe zurück. Unterhalb von 1000 Meter Tiefe ist es stockdunkel, kalt, es gibt wenig Nahrung, und der Druck, der auf den Tieren lastet, steigt zunehmend (pro zehn Meter nimmt der Druck um ein Bar zu, in 10 000 Meter Tiefe lastet auf einem Quadratzentimeter Fläche ein Druck von einer Tonne). In diesem größten Wasservolumen der Erde (mehr als 88 Prozent der Ozeane sind tiefer als 1000 Meter) ist die Artenvielfalt sehr hoch. Wir unterscheiden das Bathypelagial (1000 bis 5000 Meter Tiefe) und das Abyssopelagial (unter 5000 Meter Tiefe). Viele Fische gehören dem Typ «Lauerer» an: Sie harren träge in der Tiefe aus, wie Tiefsee-Anglerfische (Ceratiidae) oder Riesenschlinger, und warten auf den Zufallstreffer. Sie sind deshalb meist durch riesige Mäuler mit großen Zähnen und einen extrem dehnbaren Darmkanal gekennzeichnet. Verschiedentlich sind verlängerte Rückenflossenstrahlen zu leuchtenden Angeln umgebildet, mit denen Beutetiere in die Nähe des Mauls gelockt werden können. Da Nahrung selten ist,

16

17

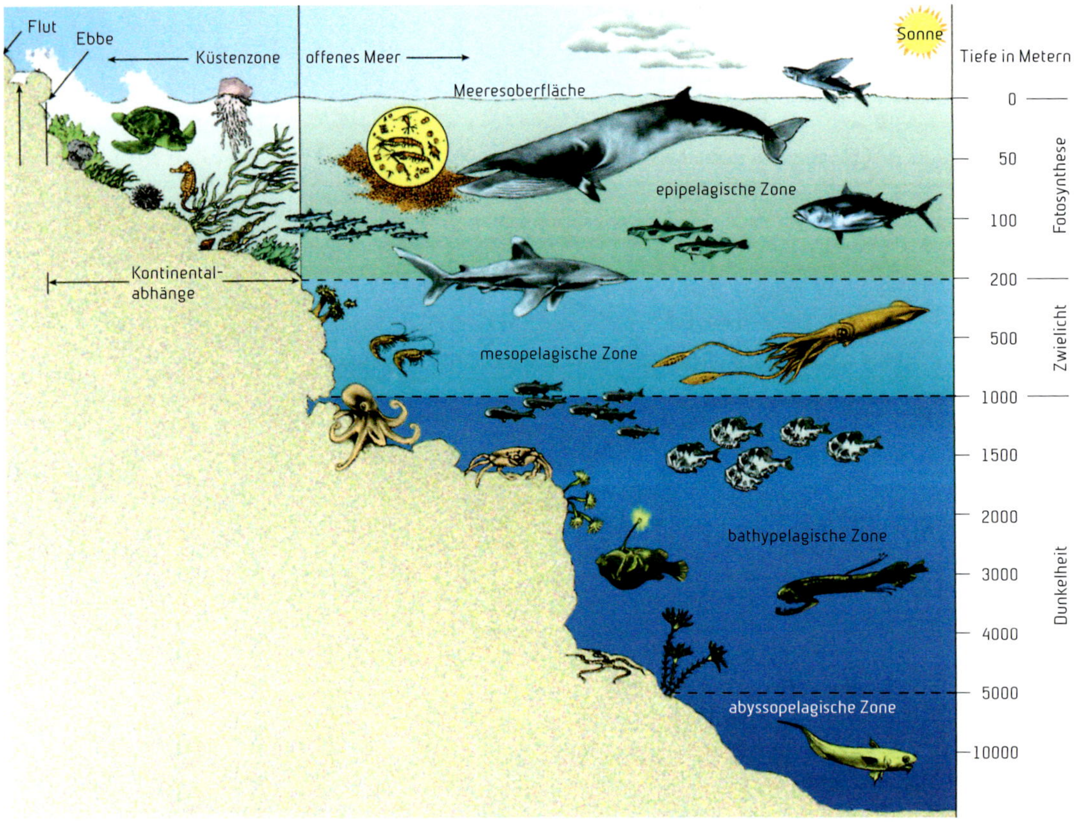

18

19

18 Lebensräume im Meer (aus: Miller, Living in the Environment, 12. ed., © 2002 Brooks/Cole, a part of Cengage Learning, Inc. reproduced by permission. www.cengage.com/permissions).

19 Zahlreiche Arten, hier eine Pfeffermuschel *Scrobicularia*, graben im Watt und dienen Fischen und Vögeln als Nahrung.

20 Korallenriffe beherbergen eine große Artenzahl. Sie sind sehr produktiv und werden als Oasen in der Wüste der tropischen Meere bezeichnet.

sind die bathypelagischen Fische auf Effizienz bedacht: Der Wassergehalt der Tiere ist oft hoch (bis 95 Prozent) und das Skelett reduziert. Die Augen sind manchmal mit Spezialisierungen ausgestattet, um lumineszierende Signale zu empfangen. Vom Meeresboden der Tiefsee wurden bisher etwa 1500 Fischarten bekannt, die dort leben oder bis hier hinab schwimmen. Neben den Lauerern treffen wir hier Schwimmer, wie die «Grenadierfische» (zum Beispiel Arten der Gattung *Coryphaenoides*) und Stelzer. Die tiefste Stelle, an der bisher ein Fisch – *Abyssobrotula galathea* – gefunden wurde, liegt in 8368 Meter Tiefe im Puerto-Rico-Graben.

An den Küsten spielen die Wellen, die Gezeiten und die Topografie des Meeresbodens eine große Rolle bei der Gestaltung der sehr vielfältigen Lebensräume. Treffen Gezeiten auf flach abfallende, sedimentreiche Küsten, bilden sich Wattstrände aus, die je nach Sedimenteigenschaft unterschiedlich strukturiert sind und verschiedene Lebensgemeinschaften beherbergen. Das Wattenmeer fällt (an unseren Küsten) zweimal am Tag trocken, nur die Priele, die es durchziehen, führen ständig Wasser. In unseren Breiten wird das Watt landeinwärts von Salzwiesen abgelöst, die nur noch bei höheren Wasserständen überflutet werden. Wattgebiete sind sehr artenreich und als Kinderstuben und Fressgründe bekannt: 162 Fischarten sind im Wattenmeer der Nordsee zuhause, von denen 90 dort heimisch sind (zum Beispiel Nordsee-Schnäpel *Coregonus lavaretus oxyhinchus,* Große Seenadel *Syngnathus acus,* Seestichling *Spinachia spinachia,* Gewöhnlicher Stechrochen *Dasyatis pastinaca,* Nagelrochen *Raja clavata)* und 72 zuwandern, beispielsweise Meerneunauge *Petromyzon marinus,* Flussneunauge *Lampetra fluviatilis,* Maifisch *Alosa alosa* und Atlantischer Lachs *Salmo salar.* Veränderungen der Lebensräume und Übernutzung finden in diesen relativ leicht zugänglichen Gebieten seit Jahrtausenden statt. Heute

21

sind etwa 20 Prozent der größeren Arten (Makrobiota; mit bloßem Auge zu erkennende Lebewesen) des Wattenmeers der Nordsee ausgestorben oder weitgehend ausgebeutet. Bei den Fischen sind vor allem die wandernden und großen benthischen Arten (Schellfisch, Kabeljau, Rochen, verschiedene Plattfische wie Scholle *Pleuronectes platessa* und Seezunge, aber auch Hering) stark zurückgegangen oder fehlen.

Eine spezielle Übergangszone stellen Mündungsbereiche der Flüsse dar. Süß- und Salzwasser mischen sich, und die Artenzahl ist viel geringer als in jeder der beiden «reinen» Gewässertypen. Nur wenige Arten können diesen hochdynamischen Lebensraum besiedeln, der von starken Schwankungen wichtiger Parameter, wie des Salzgehalts, geprägt ist. Manche Binnenmeere zeigen ebenfalls einige Charakteristika eines Mündungsbereichs, zum Beispiel die Ostsee. Hier münden viele Flüsse, der Salzgehalt nimmt von Südwesten nach Nordosten deutlich ab, während die Durchmischung mit dem salzreichen Wasser der Nordsee eher schwach ausgeprägt und auf die unteren Teile der Wassersäule beschränkt ist. Nicht naturbedingt, sondern menschengemacht ist hingegen der enorme Eintrag an Nähr- und Schadstoffen in Meere wie die Ostsee: Würde man die derzeitigen Stickstoffeinträge in die Ostsee (900 Kilotonnen Stickstoff) auf die Äcker bringen, könnte man ein Drittel der Ackerflächen Deutschlands, die 120 000 Quadratkilometer umfassen, damit düngen.

Ebenfalls brackiges, aber warmes Wasser zeichnet Mangroven, die Sumpfwälder in den Gezeitenzonen der Tropen und Subtropen, aus. Mangroven sind unserem Wattenmeer vergleichbar und stellen den im Küstenbereich lebenden Fischen Raum und Nahrung zur Verfügung. Zwischen den Stelzwurzeln finden Larven und Jungtiere Schutz vor Räubern und ein reichliches Nahrungsangebot. Auch adulte Fische suchen bei Hochwasser hier Unterschlupf. Neben den auf die Mangrove spezialisierten Arten, wie zum Beispiel Schlammspringer und Vierauge, sind die Mangroven Kinderstube für fischereilich wichtige Arten wie den Milchfisch *Chanos*, Meeräschen (*Mugil* und verwandte Arten), Schweinsfische *Pomadasys* und den heringsartigen Schwarmfisch *Hilsa*. Doch Mangroven sind ebenfalls gefährdete Lebensräume: Seit den 1980er-Jahren sind 35 Prozent der Mangrovenflächen verschwunden. Die Folgen für Fischerei, Korallenriffe und Ökosystem-Dienstleistungen werden als dramatisch eingeschätzt. Mangrovenwälder, zum Beispiel, schützen Küsten vor der Zerstörung durch Tsunamis.

Viele Gewässer sind heute durch den Menschen verändert und in ihrer Leistungsfähigkeit beeinträchtigt. Der Druck durch die stetig wachsende menschliche Population und ihre Bedürfnisse nach Ressourcen zeigt sich in mannigfaltiger Hinsicht. Neben der Überfischung und der (Über-)Nutzung anderer biogener Ressourcen sowie mineralischer Rohstoffe sind der Eintrag von Abfällen und die Einleitung von Abwässern ein Problem. Hinsichtlich des Drucks auf die Weltmeere ist bei uns allen das Bewusstsein zu schärfen, dass sich zwei Drittel aller Riesenstädte mit mehr als 2,5 Millionen Einwohnern in Küstennähe befinden. Verbauungen der Küsten und damit Verlust der entsprechenden Ökosysteme sind die Folge. Im Süßwasser haben wir es grundsätzlich mit den gleichen Problemen zu tun. Monotone, fragmentierte Lebensräume wirken sich auf viele Fischarten nachteilig aus.

In anthropogen stark beeinträchtigten Habitaten beobachten wir eine Dominanz der Opportunisten bei gleichzeitiger Vereinfachung und Homogenisierung des Artenpools, der Nahrungsnetze und Ökosysteme. Trotz allem sind auch Fortschritte zu verzeichnen, wie die steigende Zahl von Gewässerrevitalisierungen, die Einrichtung von Schutzgebieten oder die Begrenzung der Schadstoffeinträge. Erfolge zeigen sich beispielsweise in der Zunahme der Fischarten im Rhein: Von 1990 bis 2006 stieg die Zahl von 42 Arten auf über 60, und die Rückkehr des Lachses konnte 2008 gefeiert werden.

21 Das Seepferdchen *Hippocampus bargibanti* ist auf die Weichkoralle *Muricella* als Lebensraum angewiesen.

22

22 Mangrovenwälder sind an tropischen Küsten für viele Fische die Kinderstube.

1

Globaler Wandel

4

Veränderungen – früher und heute

2

3

Veränderungen der Umwelt sind charakteristische Prozesse des Lebens auf der Erde. Seit jeher waren sie für die Evolution und geografische Verbreitung von Organismen mitbestimmend. Zeitliche und räumliche Dimensionen änderten sich jedoch in den letzten Jahren dramatisch. Während früher Ressourcennutzung und damit verbundene Veränderungen der Umwelt und in der Gesellschaft lokal oder regional begrenzt waren, greifen diese Prozesse heute über alle Grenzen hinaus. Entsprechend sind die Folgen, wie Umweltverschmutzung, Verlust der Biodiversität, Klimaveränderungen, Eutrophierung der Meere, Ozonloch, Verschwinden biogeografischer Barrieren, Migrationsströme und die Verschiebung von Gütern und Dienstleistungen, weltumspannend. Die zeitliche Entwicklung dieser Parameter läuft zudem in einer Geschwindigkeit ab, die alle bisher bekannten übertrifft, mit Folgen für die Anpassungsfähigkeit des Systems Erde. Hintergrund dieser Entwicklung ist das rasante Bevölkerungswachstum der Menschheit, gepaart mit dem Wunsch nach Wohlstand und Annehmlichkeit. In dem Moment, in dem ich das letzte Mal diesen Text überarbeitete, lebten schätzungsweise 6 859 151 947 Menschen auf der Welt (30. Juli 2010; http://www.census.gov/main/www/popclock.html). Die Bevölkerung wächst noch immer und es wird prognostiziert, dass sie sich bei einer Zahl zwischen 8 und 10,5 Milliarden Menschen einpendeln wird.

Klimawandel: Konsequenzen des Temperaturanstiegs für den Fisch

4

Schauen wir uns zunächst die Klimasituation und die sich bereits abzeichnende zukünftige Entwicklung im deutschsprachigen Raum zusammenfassend an: Das vergangene Jahrzehnt war mit Abstand das wärmste je gemessene der Neuzeit. In den letzten 30 Jahren stieg die durchschnittliche Lufttemperatur in Nord- und Westeuropa um 0,24 Grad Celsius pro Dekade, im Alpenraum sogar um 0,57 Grad Celsius. Für Deutschland wird mit einem weiteren Temperaturanstieg von 2,5 bis 3,5 Grad Celsius bis zum Jahr 2100 gerechnet. Wie die Luft, so wird sich auch das Wasser erwärmen. Die Erwärmung von etwa einem Grad über die letzten 30 bis 40 Jahre wird sich so fortsetzen. Die Veränderungen der Temperatur fallen allerdings saisonal und räumlich unterschiedlich aus: Der Temperaturanstieg betrifft nicht das ganze Jahr gleichmäßig, sondern vor allem die Monate Januar bis August. Die höheren Temperaturen werden im Jahresverlauf um fünf bis sieben Tage früher erreicht, im Frühjahr beträgt diese Vorverschiebung sogar 14 Tage. Beim prognostizierten Anstieg der Temperatur sind in Deutschland die östlichen und südöstlichen Landesteile besonders betroffen. Während die Sommer durch weniger Niederschläge und mehr Verdunstung geprägt sein werden, zeigte sich bereits in den

1 Vorhergehende Doppelseite: Die Große Netzmuräne *Gymnothorax favagineus* kann bis zu drei Meter Länge erreichen.

2 Besonders Küstenstädte sind in den kommenden Jahren durch den ansteigenden Meeresspiegel bedroht.

3 Mit der Globalisierung nimmt das Verkehrsaufkommen stark zu. Hier ein Containerschiff auf dem Mittelmeer, das zu den verkehrsreichsten Wasserwegen der Welt gehört (15 Prozent des globalen Schiffsverkehrs).

4 Die Rotfeder *Scardinius eryophthalmus* hat ihre optimale Wachstumstempertur bei 20 bis 28 °C, ist also eine Gewinnerin der Klimaerwärmung.

5

letzten 30 Jahren im Winter eine Zunahme der Niederschläge. Diese Niederschläge gehen in Mitteleuropa häufiger als Regen statt als Schnee nieder und bringen im Winter und Frühjahr Starkregenereignisse. Dadurch ist vermehrt mit Überschwemmungen und steigender Hochwassergefahr zu rechnen. Insgesamt zeichnet sich klimatisch eine Teilung ab: Im Nordwesten des deutschsprachigen Raums wird es milder und feuchter, im Südwesten und Osten zunehmend trockener.

Die Temperatur ist ein wichtiger Faktor, der die belebten und unbelebten Prozesse unserer Umwelt kontrolliert. Bei Wirbellosen und den meisten Fischen (außer einigen Thunfischen, Haien und Schwertfischen) entspricht die Körpertemperatur der Umgebungstemperatur. Bei höheren Temperaturen und steigenden Kohlendioxidkonzentrationen nimmt die Fotosyntheseleistung zu, Phyto- und Zooplankton tritt in größeren Beständen auf, die Biomasseproduktion steigt an. Alle biochemischen Prozesse laufen zwei- bis dreimal so schnell ab, wenn sich die Temperatur um zehn Grad Celsius erhöht. Bei Fischen kann sich bei einer solchen Temperaturerhöhung die Entwicklungsrate sogar um das Fünffache steigern. Erhöhte Temperaturen bringen längere Wachstumsperioden für die Fische, und – sofern genügend Nahrung zur Verfügung steht – auch mehr Biomassezuwachs und eine erhöhte Produktivität mit sich. Dem positiven Effekt – schnelleres Wachstum, raschere Entwicklung und Gonadenreifung, steigende Aktivität und Schwimmleistung – stehen allerdings auch negative Effekte gegenüber: Der steigende Sauerstoffbedarf bedingt eine Erhöhung der Atemfrequenz, aufgrund deren zum Beispiel auch Schadstoffe schneller aufgenommen werden. Daneben

6

sind die Konsequenzen des Temperaturanstiegs je nach Art, Ernährungsweise und Ansprüchen an die Umwelt unterschiedlich. So beobachtete man bei herbivoren Korallenfischen eine relative Abnahme der Biomasse bei steigenden Temperaturen, die offensichtlich mit der Verdauungsphysiologie bei Pflanzenfressern in Zusammenhang steht. So weit möglich, suchen sich Fische in Abhängigkeit ihrer physiologischen Ansprüche, die Lebensräume aus, in denen sie optimal wachsen können. Eurytherme tolerieren eine größere Temperaturspanne, stenotherme Arten sind auf einen sehr engen Temperaturbereich beschränkt. Zudem sind die Temperaturpräferenzen der einzelnen Lebensstadien verschieden. Aus den Temperaturansprüchen resultiert die unterschiedliche geografische Verbreitung der Arten, an den Grenzen dieser Regionen sind sie bei Temperaturveränderungen am empfindlichsten. Fische wie Hering und Kabeljau, die bei uns den südlichen Rand ihrer Verbreitung haben, und Kühl- und Kaltwasserarten wie Lachsverwandte werden sich also nach Norden oder in größere Höhenlagen verlagern. Die Bachforelle beispielsweise, die sommerkühle Gewässer bevorzugt, befindet sich in wärmerem Wasser einerseits nicht mehr im physiologischen Temperaturoptimum, und andererseits erwächst ihr durch wärmetolerantere Arten wie Äsche und Barbe Konkurrenz. Sie würde ihren Lebensbereich in den Alpen daher um 130 Höhenmeter flussaufwärts verschieben. Angesichts der zahlreichen Verbauungen ist dies in der Praxis jedoch nicht oder nur sehr eingeschränkt möglich: Alleine in den Schweizer Fließgewässern wurden 88 000 Barrieren von über 50 Zentimeter Höhe erfasst, die nur von sehr sprungkräftigen Fischen überwunden werden können.

5 Die Bachforelle *Salmo trutta fario* hat ihr Wachstumsoptimum bei 13 bis 19 °C, es wird ihr schon heute in einigen Bächen und Flüssen zu warm.

6 Die Streifenbarbe *Mullus surmuletus* ist aufgrund der steigenden Temperaturen jetzt auch in der Nordsee ein häufiger Fisch.

Vorteilhaft ist der Temperaturanstieg für Arten, die es etwas wärmer mögen. Die Streifenbarbe *Mullus surmuletus*, vielen von Fischmärkten im Mittelmeer-Raum bekannt, ist seit Beginn dieses Jahrhunderts Handelsart in der Nordsee. Ihre Fangmenge vergrößerte sich von zehn Tonnen (1985) auf 700 Tonnen (2005). Auch andere typische Bewohner südlicher Gefilde, wie Sardine *Sardina*, Sardelle *Engraulis encrasicolus* und Drückerfisch *Balistes,* sind in nördlichen Gebieten zunehmend häufiger anzutreffen. Für die kommenden Jahrzehnte werden global Verschiebungen des Fischfangpotenzials mit 30 bis 70 Prozent Steigerungen in höheren Breiten und eine Abnahme von bis zu 40 Prozent in den Tropen prognostiziert. Besonders nachteilig sind Fische in halbgeschlossenen Meeren wie dem Roten Meer oder dem Mittelmeer betroffen, und es wird eine deutliche Abnahme des Fischfangpotenzials in vielen Küstenregionen erwartet.

Viel komplexer und noch kaum erforscht sind die Auswirkungen der Temperaturveränderungen auf Artengemeinschaften und die dort ablaufenden Interaktionen, also das Zusammenspiel zwischen Futtertieren und Fressfeinden, konkurrierenden Arten, Parasiten und Pathogenen. Die zeitliche Abfolge der Entwicklung von Phyto- und Zooplankton ist ein fein abgestimmtes System. Aufgrund unterschiedlicher Temperatursensitivitäten der involvierten Arten kann es zu einem Auseinanderfallen der Zyklen kommen, die dann zu weitreichenden Folgen, zum Beispiel Futtermangel bestimmter Zooplankter – und nachfolgend – räuberischer Fischlarven, führen. In der Nordsee ist der kaltwasserliebende Ruderfußkrebs *Calanus finmarchicus* die bevorzugte Beute der Kabeljau-Larven. Die Biomasse dieses Kleinkrebses hat in der Nordsee seit den 1960er-Jahren um 70 Prozent abgenommen. Südliche Planktonarten, die in der Nordsee seinen Platz einnehmen, scheinen den Larven des Kabeljaus weniger zu passen. Dies könnte eine teilweise Erklärung der abnehmenden Kabeljau-Bestände in der Nordsee sein. In den Meeren werden solche indirekten Effekte als die bedeutendsten Auswirkungen der Klimaveränderung angesehen.

Einen anderen indirekten Effekt sehen wir bei der Proliferativen Nierenkrankheit PKD (Proliferative Kidney Disease). Sie wird durch einen Parasiten hervorgerufen, der Salmoniden infiziert und besonders bei Sömmerlingen eine Mortalität von bis zu 100 Prozent verursacht. Der klinische Krankheitsausbruch erfolgt jedoch erst, wenn die Wassertemperatur zwei bis vier Wochen lang einen Tagesmittelwert von 15 Grad Celsius übersteigt. Mit zunehmender Erwärmung der Gewässer steigt also die Wahrscheinlichkeit, dass sich die Krankheit weiter ausbreitet und den anhaltenden Bachforellenrückgang im Alpenraum verstärkt.

Einen weiteren indirekten Effekt können wir bezüglich der Konkurrenz zwischen Arten postulieren. Bei Bachforellen bewirkt ein Temperaturanstieg ein früheres Erreichen des Schlüpfzeitpunkts, und die Entwicklungsdauer der Eier sinkt von 99 auf 71 Tage. Bei ausreichendem Futterangebot beginnt das Wachstum früher und die Wachstumsrate erhöht sich. Das kann besonders für die Jungfische überlebenswichtig sein: Je schneller sie groß werden, desto weniger häufig kommen sie als Beutetiere für größere Fische infrage. Zudem erhöhen sich ihre Chancen, den ersten Winter zu überleben; das ist für diese Altersklasse bei vielen Arten ein entscheidendes Nadelöhr. Bei Warmwasserfischen in französischen Fließgewässern verzeichnet man bereits heute eine massive Zunahme in Abundanz (Individuenzahl) und Artenreichtum. Im Süßwasser profitieren Barschartige und Karpfenverwandte von der Klimaveränderung. Für das Rotauge beispielsweise ist mit erhöhter Fruchtbarkeit, früherer Fortpflanzung im Jahresverlauf, besserem Fortpflanzungserfolg und steigenden Wachstumsraten sowie geringerer Sterblichkeit im Winter zu rechnen, resultierend in insgesamt stärkeren Beständen. Diese positiven Effekte gehen eng einher mit der hohen Toleranz gegenüber niedrigen Sauerstoffkonzentrationen:

7

Selbst ein Milligramm pro Liter erträgt dieser Fisch über kurze Perioden bei einer Wassertemperatur von 30 Grad Celsius. Der Sauerstoffbedarf ist bei den einzelnen Arten sehr unterschiedlich. Während viele Fische im Amazonas auch über ausgedehnte Perioden mit weniger als zwei Milligramm Sauerstoff pro Liter Wasser auskommen, sind weniger als drei Milligramm pro Liter über längere Zeit für Cypriniden letal, bei Salmoniden müssen dauerhaft mindestens sechs Milligramm pro Liter vorhanden sein. Bei der marinen Aalmutter, *Zoarces viviparus*, hingegen sinkt die Populationsgröße in der Nordsee mit steigender Temperatur, ein Effekt, der auf zunehmenden Sauerstoffbedarf und gleichzeitige Einschränkungen in der Sauerstoffversorgung der Körpergewebe zurückgeführt wird. In den großen amerikanischen Seen erwartet man bei einem Temperaturanstieg von zwei Grad Celsius eine Zunahme der Fischereierträge von 25 Prozent. Die Produktivität wird dabei jedoch wiederum durch die Sauerstoffverfügbarkeit begrenzt werden.

	25 Grad Celsius	5 Grad Celsius
Süßwasser	6	9
Salzwasser	5	7,2

Tabelle 4: Sauerstoffgehalte in Abhängigkeit von der Temperatur

7 Kühlwassereinleitungen erwärmen die Gewässer zusätzlich. Die fischfressenden Vögel zeigen das Vorkommen von Fischen an (KKW Brokdorf an der Elbe).

Veränderung anderer klimarelevanter Aspekte und ihre Bedeutung für die Fische

Experten gehen davon aus, dass die Temperaturänderung den größten direkten Effekt auf unsere Fischfauna haben wird. Weiterhin gibt es Veränderungen bei der Schichtung von Wasserkörpern, in der ozeanischen Zirkulation, den Meeresspiegelanstieg, zunehmende Häufigkeit von Stürmen und veränderte Wasserchemie, wie Versauerung und Nährstoffverfügbarkeit, die sich schließlich auf die Fische und die Zusammensetzungen der Lebensgemeinschaften auswirken werden. Seit Mitte des 19. Jahrhunderts ist der pH-Wert bereits von 8,2 auf 8,1 gesunken. Es wird mit einer Zunahme des CO_2-Gehalts der Atmosphäre und einer Abnahme des pH-Werts um 0,5 Einheiten gerechnet, die zum Beispiel Wachstumsraten bei Fischen beeinträchtigen könnten. Der veränderte Chemismus hat Folgen, zum Beispiel für die Schallausbreitung unter Wasser, weil gelöste Chemikalien, die niederfrequente Töne absorbieren, bei niedrigerem pH abnehmen. So wird die akustische Orientierung beeinträchtigt. Ebenfalls in Mitleidenschaft gezogen ist auch die olfaktorische Orientierung von Fischen: Anemonenfischlarven sprechen bei erniedrigtem Kohlendioxidgehalt des Meeres auf andere Gerüche an und reagieren weniger stark auf die Reize, die ihnen den Weg zu ihren Symbiosepartnern, den Anemonen, weisen würden. Außerdem wird die Bildung von Kalkskeletten bei den entsprechenden Arten, wie Korallen, Seesternen, Mollusken oder Einzellern, verlangsamt.

In Fließgewässern und Seen sind darüber hinaus Veränderungen der Bewölkung und damit der UV-Einstrahlung, der Niederschlagshöhe, -intensität und -verteilung, der Verdunstung, des Abflussregimes und der Wasserstände für die Fische von Belang. So kann auch zu viel Wasser, als Hochwasser, den Fischen Probleme bereiten: Die Eier verschiedener einheimischer Fische, so von Forellen und Äschen, entwickeln sich im kiesigen Gewässergrund. Wenn Hochwasser im Winter und

8

8 Starke Hochwasser wie hier in der Schweiz im August 2008 sind in Zukunft häufiger zu erwarten.
9 Mangroven geraten durch Siedlungen unter Druck.
10 Bachläufe können auch so aussehen: hier ein ausgetrocknetes Bachbett in Lima, Peru.

Frühjahr mit erhöhter Geschiebeführung und daher mit einem Aufreißen der Flusssohle einhergehen, werden die Laichgruben zerstört, oder die aus dem Kies ins freie Wasser aufsteigenden Brütlinge werden in ungünstige Lebensräume verfrachtet und sterben. Ganze Jahrgänge können so ausfallen. In den letzten 40 Jahren wurde bereits bei 35 Prozent der untersuchten 41 Flüsse im Schweizer Mittelland eine Zunahme der Winterhochwasser verzeichnet. Höhere Sommertemperaturen hingegen gehen mit einer Abnahme des Abflusses (der abfließenden Wassermenge) einher. Verstärkt wird dies durch vermehrte Entnahme von Wasser für Trinkwasser, Kühlwasser und für die landwirtschaftliche Bewässerung. Lebensräume, in denen schon heute die zur Verfügung stehenden Wassermengen nur zeitweise ausreichen, werden erheblich betroffen sein und vermehrt austrocknen oder, wie Altarme, von den Hauptgewässern abgeschnitten werden. Hier gilt wie so oft: Ein Stress kommt selten allein. Die klimabedingten Veränderungen werden an vielen Stellen begleitet von Veränderungen beispielsweise der land- und forstwirtschaftlichen Flächennutzung, zunehmender Verbauung von Gewässern und Umland sowie Wasserverschmutzung durch Abflüsse aus Siedlungen und von landwirtschaftlichen Nutzflächen. Diese Problematik der multiplen Stressoren erschwert die Ursachensuche und damit auch die Effektivität von Lösungsansätzen im Umweltschutz.

9

10

Eutrophierung

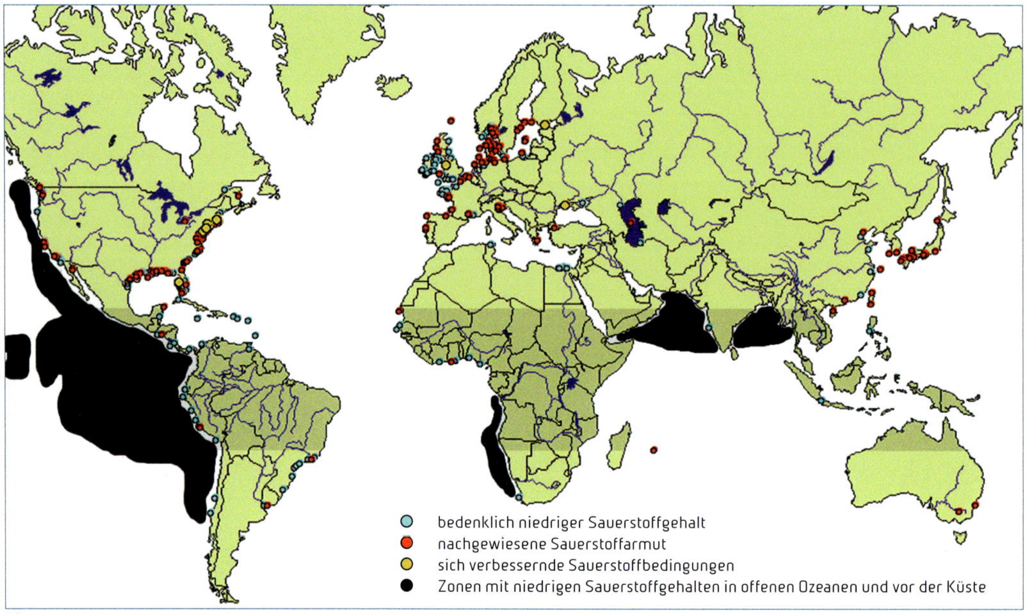

11

11 Vorkommen von Sauerstoff-Minimum-Zonen. Schraffiert dargestellt sind die tropischen Regionen, in denen natürlicherweise niedrige Sauerstoffkonzentrationen auftreten können (aus: Diaz & Breitburg, 2009).

Eutrophierung ist ein Prozess, der durch übermäßige Nährstoffzufuhr ausgelöst wird (im Süßwasser vor allem von Phosphor, in Ästuarien von Stickstoff, während in einigen offenen Ozeanen Eisen die ausschlaggebende Rolle spielt). Dadurch erhöht sich die Phytoplanktonproduktion, die in der Folge zu einer insgesamt verstärkten Biomasseproduktion führt. Bei der anschließenden mikrobiellen Zersetzung dieser Biomasse wird Sauerstoff benötigt. Ist dieser nicht ausreichend vorhanden, kommt es zur Sauerstoffarmut, meist in tieferen Schichten oder am Boden des Gewässers. Anspruchsvolle Arten können unter Sauerstoffmangel nicht überleben, sie werden in Wachstum, Immunsystem-Funktionen und Fortpflanzung eingeschränkt, nehmen in ihrer Häufigkeit ab oder sterben lokal aus. Es kommt im Extremfall zum «Kippen» des Gewässers: Dann ist kein Überleben von sauerstoffbedürftigen Lebewesen mehr möglich. Im Süßwasser sind in erster Linie Auen, Altarme und Seen von der Eutrophierung betroffen, die wenig Zirkulation und Wasseraustausch aufweisen. In den Ozeanen sind natürliche sauerstoffarme Gebiete beispielsweise die Tiefsee und Fjorde. Zunehmend sind jedoch auch im Meer Regionen an Küsten und in Flussmündungen festzustellen, in denen der Sauerstoffgehalt stark reduziert ist oder die sogar völlig sauerstofffrei sind. Die Zahl dieser Zonen ist von weniger als 50 in den 1960er-Jahren auf heute mehr als 400 gestiegen. Eine Korrelation mit abnehmenden Fischereifangerträgen lässt sich nicht leicht feststellen, da sich viele Effekte, wie zum Beispiel Überfischung und Ausweichen von Fischen und Fischern, mit den direkten Auswirkungen der Sauerstoffarmut überlagern. Die Sauerstoffarmut (hypoxische Bedingungen) oder das Fehlen dieses lebenswichtigen Gases (anoxische Bedingungen, einhergehend mit toxischen Konzentrationen mikrobieller Stoffwechselprodukte) tritt zunächst oft aperiodisch auf, die entsprechende Situation wird dann häufiger und führt schließlich in vielen Fällen zu regelmäßiger oder gar dauernder Sauerstoffarmut. Der Klimawandel verstärkt diese Tendenz noch, bedingt durch den geringeren Sauerstoffgehalt des Wassers bei höheren Temperaturen, erhöhte Stoffwechselaktivität und Auswirkungen auf die Schichtung der Meere. In Gebieten mit erhöhtem Niederschlag und Abfluss, vor allem in Kombination mit Intensivierung und Ausweitung der landwirtschaftlichen Anbauflächen, ist mit einem erhöhten Eintrag von Nährstoffen zu rechnen.

Bioinvasoren

Schon immer wurden Tiere und Pflanzen aus ihren angestammten Gebieten in andere Regionen verfrachtet, sei es unabsichtlich, weil sie als blinde Passagiere an Bord waren oder aus der Gefangenschaft entkamen, sei es beabsichtigt, weil sie als Nahrungstiere, Haustiere oder zur Verschönerung der neuen Umgebung mitgenommen wurden. Während früher bei den Fischen beabsichtigte Einführungen im Vordergrund standen, sind derartige Invasionen heute eher unbeabsichtigte Nebenfolgen menschlicher Aktivitäten. Durch den Klimawandel und die damit verbundene Verschiebung von Klimazonen können sich aktuell deutlich mehr Arten erfolgreich ansiedeln und vermehren. Experten sehen denn auch in den Bioinvasoren die zweitgrößte Bedrohung der Biodiversität – nach der Zerstörung der Lebensräume. Die Invasion geschieht in drei Schritten: zunächst die Einführung einer fremden Art, dann die Etablierung einer sich selbst erhaltenden reproduzierenden Population und schließlich Populationswachstum und -ausbreitung. Von den eingeführten Arten etabliert sich nur ein Teil, und auch davon wird wiederum nur ein Teil schädlich. Von den 358 in Europa heimischen Fischarten sollen fast die Hälfte eingeführt sein, und zahlreiche dieser Invasoren haben sich hier in mehreren Ländern etabliert, so die Regenbogenforelle (31 Länder), der Graskarpfen (27 Länder) und der Bachsaibling (26 Länder), es kommt also zu einer gewissen Homogenisierung der Fauna.

Wie kommen nun fremde Fische in unsere Gewässer? Die meisten unserer bioinvasiven Fische wurden absichtlich ausgesetzt, nur bei 13 Prozent der Arten war der Zufall im Spiel. Im deutschsprachigen Raum spielt vor allem der Besatz von Gewässern und das Entkommen aus Aquakultur und aus Gartenteichen eine Rolle, daneben das Freisetzen von Fischen aus Aquarien. Die Auswirkungen hängen natürlich stark von den ökologischen Ansprüchen der Fische ab: Solange nur zwei Prozent der Aquarienarten aus gemäßigten Breiten stammen, ist die Gefahr für unsere Länder auf eine kleine Zahl potenzieller Invasoren beschränkt. Mit Kühlwassereinleitungen und Klimaerwärmung steigt allerdings das Risiko der Etablierung wärmeliebender Fischarten in unseren Breiten.

In zahlreiche Gewässer werden Fische eingesetzt, um den Ertrag zu erhöhen – das geschieht nicht nur mit einheimischen Fischen, sondern auch mit fremden Arten. Viele Neulinge können sich nie etablieren, doch wiederholter Besatz führt dennoch oftmals zu einer neuen Mischung von Arten und Varietäten verschiedener geografischer Herkunft, wie für Goldfisch und Karpfen bekannt. Zudem werden Parasiten und Pathogene mit in die neuen Gebiete eingeschleppt, beispielsweise der Schwimmblasenwurm, *Anguillicola crassus*, des Aals. Die Regenbogenforelle, die an der nordamerikanischen Pazifikküste heimisch ist, wurde in fast 100 Ländern und Inseln eingeführt, in 53 davon konnte sie sich etablieren. Ende des 19. Jahrhunderts gelangte sie nach Europa und gehört heute zu den 100 gefährlichsten Einwanderern. Sie ist toleranter gegenüber Wasserbelastungen, hat geringere Habitatansprüche und bevorzugt etwas höhere Temperaturen als die Bachforelle. Sie laicht erst später als die heimische Forelle, wählt aber die gleichen Laichplätze. Demzufolge schlägt sie ihre Laichgruben oft an Stellen, an denen bereits Eier der Bachforelle vergraben sind, die damit ausgeschwemmt werden und verloren gehen. Die Regenbogenforelle geht also als Sieger aus dieser subtilen Konkurrenzsituation hervor. Umgekehrt wurde die Bachforelle nach Asien, Afrika, Amerika, Australien und Neuseeland eingeführt und hat sich in 28 Ländern etablieren können. Ein anderer Fall mit ungeahnten Konsequenzen war der Besatz ostafrikanischer Seen mit dem Nilbarsch *Lates niloticus*: Nach anfänglich zögerlichem Wachstum vermehrte er sich exponentiell und wurde in den 1990er-Jahren in Mengen von 150 bis 170 Kilogramm pro Hektar gefangen und gelangt als Victoriaseebarsch im Handel. Als Räuber dezimierte er

allerdings auch im Nu die einheimischen Organismen, und 20 bis 30 Jahre nach seiner Einführung waren 60 Prozent der endemischen Cichliden-Arten aus der Gattung *Haplochromis* ausgestorben. Mit der Zahl der Futterfische sank schließlich auch die Population der Räuber, und zumindest einige der an den Rand des Aussterbens gebrachten Haplochrominen können sich heute wieder Habitate zurückerobern. Auch in diesem Fall haben wir es mit einer Kombination verschiedener Stressfaktoren zu tun: Klimaveränderung, einhergehend mit Mobilisierung der Phosphatspeicher des Sees und folglich einer Eutrophierungssituation, die durch Lichtlimitierung den Nilbarsch zusätzlich begünstigte.

Zur Bekämpfung großer Pflanzenbestände wurden Arten wie der Graskarpfen *Ctenopharyngodon idella* aus Malaysia nach Europa und in die USA eingeführt. Da sie sich schnell etablieren konnten und große Mengen verschiedenster Pflanzen fressen, hatte ihr Hunger bald auch negative Folgen für andere Fische und viele Wirbellose, deren Lebensräume an Pflanzen geknüpft sind.

Im Ballastwasser von Schiffen werden, neben Wirbellosen, Fische und vor allem Fischlarven verfrachtet. Infolge des zunehmenden Schiffsverkehrs und der wesentlich größeren Geschwindigkeit der Schiffe hat der Transfer von Arten in den letzten 30 bis 40 Jahren massiv zugenommen. Heute werden 80 Prozent der Wirtschaftsgüter mit einer Handelsflotte von 35 000 Schiffen transportiert. Zur Stabilisierung der Schiffe werden weltweit mehr als zwölf Milliarden Tonnen Ballastwasser aus den jeweiligen Küstengewässern aufgenommen und am Zielort wieder ins Meer gepumpt. Je kürzer die Fahrtzeiten, desto mehr Tiere überleben den Transport. Trotzdem ist die Zahl der marinen Fische unter den Bioinvasoren geringer als die der Süßwasserfische. Meist handelt es sich dabei um Brackwasserarten oder Wanderfische. Ein anderer Transportweg sind künstliche Verbindungen zwischen Flüssen oder Meeren, über die fremde Arten einwandern können. Das berühmteste Beispiel ist der Suezkanal, dank dessen nicht weniger als 65 Fischarten vom Roten Meer ins Mittelmeer einwanderten.

Verschiedene Faktoren des globalen Wandels wie Klimaveränderung, Habitatzerstörung, übermäßige Ressourcennutzung und Verschmutzung wirken sich auf die Artengemeinschaften aus. In den Ozeanen rechnet man mit dem Verschwinden zahlreicher Arten aus subpolaren und tropischen Regionen, ebenso wie mit der Einwanderung von Arten in für sie neue Gebiete. Je nach Art, Stärke und Tempo der Veränderung wird es zu einer Verschiebung von Arten kommen. Die Konsequenzen auf das meist fragile Gleichgewicht von Ökosystemen mit ihren Dienstleistungen sind kaum absehbar.

Moçamibique-Maulbrüter *Orechromis mossambicus* (Afrika)	172	86 %
Karpfen (Asien)	124	82 %
Regenbogenforelle (Nordamerika, Westküste)	99	54 %
Graskarpfen (Asien)	91	11 %
Silberkarpfen *Hypophtalmichtys molitrix* (Asien)	79	27 %
Niltilapia *Oreochromis niloticus* (Afrika)	78	70 %
Koboldkärpfling *Gambusia spp.* (Amerika)	67	97 %
Forellenbarsch *Micropterus salmoides* (Kanada)	64	73 %
Marmorkarpfen *Aristichthys nobilis* (China)	55	20 %
Goldfisch (Asien)	54	92 %
Gemeiner Sonnenbarsch *Lepomis gibbosus* (Nordamerika)	25	91 %

Tabelle 5: Die zehn häufigsten aquatischen Invasoren unter den Süßwasserfischen, ihre Herkunft und die Zahl der Länder, in die sie eingewandert sind und die %-Rate der Länder, in denen sie sich etablieren konnten.

12 Der Karpfen *Cyprinus carpio* gehört zu den zehn schlimmsten Bioinvasoren weltweit.

13 Der Rotfeuerfisch *Pterois volitans* stammt ursprünglich aus dem Indopazifik und wandert in Ostamerika ein, wo er allerdings den Winter nicht übersteht. Er geht auf Beutefang, indem er seine Beutetiere mit seinen Brustflossen treibt und sie dann plötzlich einsaugt.

13

1

Sag mir, wo die Fische sind …

5

Fischerei – früher und heute

Die Fangerträge in der Fischerei hielten sich über die Jahrhunderte auf einem bescheidenen Niveau. Erst durch die Industrialisierung auch dieses Erwerbszweigs in der zweiten Hälfte des 20. Jahrhunderts wurden die Fänge von etwa 15 bis 20 Millionen Tonnen auf das Fünffache, 85 Millionen Tonnen, in den 1990ern gesteigert. 2008 berichtet die FAO von insgesamt 143 Millionen Tonnen Fisch und Meeresfrüchten pro Jahr, von denen der größte Anteil (82 Millionen Tonnen) aus dem Meer stammt, zehn Millionen Tonnen werden im Süßwasser gefangen, und 52 Millionen Tonnen kommen mittlerweile aus der Aquakultur. Von der Gesamtmenge gehen 110 Millionen Tonnen direkt in die menschliche Ernährung, 33 Millionen Tonnen werden anderweitig eingesetzt, meist gehen sie als Fischmehl oder -öl ins Tierfutter und landen indirekt beim Konsumenten. Die Fangzahlen der FAO sind aber vermutlich zu hoch gegriffen, realistisch ist, dass die Erträge seit den 1980er-Jahren stagnieren oder sogar abnehmen.

1 Vorhergehende Doppelseite: Krabbenfischer in der Nordsee.
2 Angebot auf einem Fischmarkt. In der Mitte ein Drachenkopf *Scorpaena sp.*
3 Füsiliere *Caesio xanthonotus*, ein pelagischer Fisch der Malediven.
4 Gabeldorsch *Phycis phycis*.
5 Mittelmeer-Makrele *Scomber japonicus*.
6 Seehecht *Merluccius bilinearis*.

Überfischung

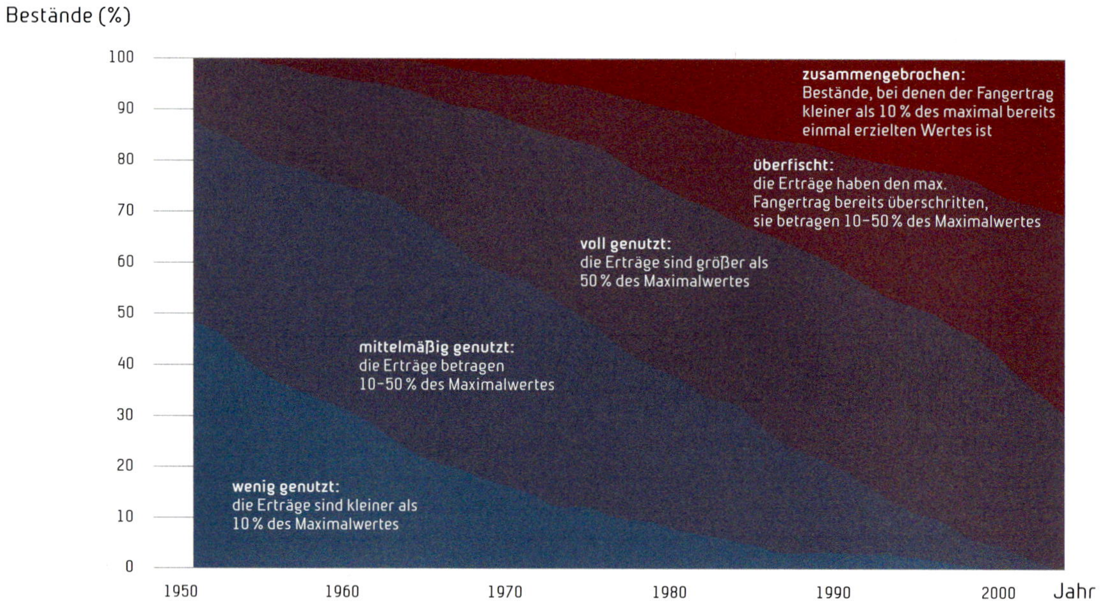

Entwicklung der Nutzung der Fischbestände seit 1950 (nach: Pauly, 2007)

Fisch und Menschheitsgeschichte

(Heide Hüster-Plogmann)

Der Fischfang begleitet den Menschen vermutlich schon seit Beginn seiner Entstehungsgeschichte. So sind in Tansania zwei Millionen Jahre alte Fischknochen zusammen mit Skelettresten und einfachen Geröllwerkzeugen geborgen worden, die Fang und Verzehr von Fischen nahelegen. Diese Art Funde sind jedoch selten. Je näher wir der heutigen Zeit kommen, desto detaillierter können die Aussagen zur Bedeutung von Fisch in den jeweiligen Gesellschaften ausfallen. Aus dem Magdalénien vor 16 000 Jahren dokumentieren zum Beispiel sehr lebensnahe Höhlenmalereien in Frankreich und Spanien eine vielleicht sogar spirituelle Nähe zu Fischen aus der Familie der Lachsartigen. Aus dem 5. bis 4. Jahrtausend v. Chr. sind schließlich überall in Europa noch heute genutzte Fanggeräte bekannt. Archäologische Grabungen fördern eine Vielzahl von Harpunen, Angelhaken und Querangeln, ja sogar Fischzäune, Reusen und Netze zutage. Nicht nur an den Küsten, auch im Binnenland wurde gefischt. Die Fischreste aus den schweizerischen Seeufersiedlungen weisen auf eine intensive Uferfischerei. Anhand der Funde aus der Grabung Arbon Bleiche3 am Bodensee zeigte sich sogar, dass uferferne Felchenbestände zur Laichzeit im Spätherbst konzentriert befischt wurden. Einige tausend Jahre später, in der Römerzeit, setzt der Handel mit konservierten Fischprodukten aus dem Mittelmeerraum ein. Solche Fischkonserven fanden sich über viele Jahrzehnte in der gesamten damals bekannten antiken Welt. Die Gesundheitslehren aus dem Mittelalter sind es schlussendlich, die uns schwarz auf weiß darüber informieren, dass unsere Vorfahren den Verzehr von (bestimmten) Fischprodukten für gesundheitsförderlich hielten. Bei so viel tradiertem Fischkonsum stellt sich dem geneigten Beobachter die Frage: Waren die heute viel gelobten Omega-3-Fettsäuren einer der wichtigen Parameter in der Evolution des menschlichen Gehirns?

2

3

4

5

6

Überfischung – was bedeutet das?

7 Schwarm von Südamerikanischen Sardellen, genannt Anchoveta *Engraulis ringens.*

Mehr als 80 Prozent der 523 Bestände an Meeresfischen, von denen die FAO über Zahlen verfügt, gelten als überfischt oder ausgeschöpft. Was versteht man unter Überfischung, was sind die Ursachen, und wie kann man dem Einhalt gebieten? Die Ökonomen sprechen von Überfischung, wenn ein Bestand (engl. *stock*) so stark ausgebeutet ist, dass sich der Fang nicht mehr lohnt, weil der Aufwand unverhältnismäßig groß wäre. Die Fischereibiologen definieren Überfischung als jenseits des optimalen Dauerertrags genutzt. Was ist nun ein Bestand? Eine Art kommt in verschiedenen Populationen oder Beständen vor, die sich durch bestimmte Merkmale, wie Verbreitung, Wanderverhalten, genetische Unterschiede oder Fortpflanzung, voneinander unterscheiden können. Fischereibiologen definieren Bestand hingegen als zu bewirtschaftende Einheit. Das kann eine biologische Einheit sein (Population) oder auch eine geografisch begrenzte Artengemeinschaft. Bestände können sich vom Zustand der Überfischung erholen. Vom Aussterben bedroht sind Arten, die auch als Einzelindividuen einen besonders hohen Marktwert erzielen und nicht ausreichend geschützt sind, wie der Rote Thun (auch Blauflossenthun) *Thunnus thynnus*, manche Haie, Störe oder einzelne Aquarienfische. Im Meer gelten zurzeit 157 Arten als bedroht. Während in den Meeren die Überfischung eine der wichtigsten Gefährdungsursachen ist, werden im Süßwasser vor allem Fluktuationen in Klima und Wasserführung, dann Nährstoffeinträge, Verschmutzungen, Einführung fremder Arten und Habitatfragmentierungen dafür verantwortlich gemacht, wenn die Bestände unter zusätzlichem Befischungsdruck abnehmen.

Wenig Einigkeit herrscht in Fachkreisen zu den Ursachen der Überfischung. Nach Expertenmeinung liegen die wichtigsten Gründe im überhöhten Fischereiaufwand, verbesserten Ortungstechnologien, fehlenden Schutzgebieten und einem Versagen des Fischereimanagements. Letzteres ist besonders anforderungsreich, da das Verständnis der Biologie der Fische und der hochkomplexen Ökosysteme noch lange nicht in allen Facetten bekannt ist. Vom soziologischen Standpunkt aus ist die Überfischung ein gutes Beispiel für die sogenannte Allmende-Klemme (‹Tragedy of the Commons›): Das Meer mit seinen Ressourcen gehört allen Menschen, alle wollen daran Anteil haben. Seit Mitte der 1970er-Jahre gilt das internationale Seerecht mit der Ausdehnung der nationalen Fischereizonen auf 200 Seemeilen (Exclusive Economic Zones, EEZ). Außerhalb dieser Territorialgewässer und in Gebieten mit sich überschneidenden nationalen Zonen sowie für die Bewirtschaftung wandernder Fischarten sind internationale Absprachen erforderlich. Fangquoten werden häufig legal oder noch häufiger illegal überzogen und aus politischem Opportunismus den Beständen zu spät angepasst. Verbesserte Fangtechnologien führen dazu, dass Quoten in immer kürzeren Abständen erreicht werden. Überkapazitäten entstehen, und die Flotten werden zu spät den wahren Verhältnissen angepasst. Falls sich ein Land zurückhält, um Übernutzung zu vermeiden, hat es doppeltes Nachsehen: Zum einen werden die ihm zustehenden Ressourcen dann von den anderen Staaten mitgenutzt, und zum anderen bleibt auch für dieses Land nichts übrig, wenn die Übernutzung zum Bestandskollaps führt.

Fischereiaufwand misst sich an der Anzahl von Fangschiffen, deren Motorenstärken und Treibstoffverbrauch, der eingesetzten Fangvorrichtung (beispielsweise unterschiedliche Leinenlängen und Hakenzahlen in der Langleinenfischerei) sowie der Fangdauer. Als Standard wird der Fang pro Aufwandseinheit (Einheitsfang, catch-per-unit-(of)-effort, CPUE) angegeben. Bei stark übernutzten Beständen sinkt der Einheitsfang, wenn mehr Fischereifahrzeuge eingesetzt oder die Zahl der Fangtage erhöht werden müssen, um die gleiche Fangmenge zu erzielen. Fangmengen, komplexe Modellrechnungen und Daten zur Biologie und Ökologie

7

erlauben als Gesamtbild eine Aussage, in welchem Zustand sich ein Bestand befindet.

Fischbestände stehen untereinander und mit den anderen Mitgliedern des Ökosystems in Wechselbeziehung. Große räuberische Fische wie Dorsche ernähren sich beispielsweise zu großen Teilen von Heringen und Makrelen, die wiederum deren Jugendstadien nachstellen. Sind die Dorsche überfischt, können Heringe und Makrelen wieder erstarken, und diese wiederum dezimieren dann verstärkt die Jugendstadien des Dorschs (sofern sie nicht ebenfalls befischt werden). Solche Überlegungen finden zunehmend Eingang in die Analysen und Modellierungen der Fischereibiologen, aus denen sich dann die empfohlenen Fangquoten errechnen. Die Empfehlungen und Warnungen der Fachleute fanden in früheren Jahren wenig Gehör bei Politikern. Fangquoten überstiegen in vielen Fällen die wissenschaftlichen Ratschläge, was zu einem deutlichen Rückgang vieler Bestände führte. Erst seit 10 bis 15 Jahren wird den Vorschlägen der Wissenschaft besser entsprochen.

Im Meer folgt der Mensch häufig immer noch alten Atavismen des Jägers und Sammlers. Heutzutage selten mit der Harpune, aber häufig mit riesigen Schleppnetzen oder Langleinen fängt er, was sich vermarkten lässt. Fische, die nicht der Zielart angehören oder das Fangmaß noch nicht erreicht haben, werden als Beifang bezeichnet. Teilweise werden diese Tiere verwertet, zum Teil auch wieder über Bord geworfen. Von den Fischen überleben allerdings nicht viele den vorübergehenden Ausflug an Deck eines Fangschiffs. Die Menge des Beifangs ist in den Fangstatistiken nur unvollständig aufgeführt und wird damit sehr wahrscheinlich deutlich unterschätzt. Menge und Art des Beifangs sind stark von den eingesetzten Techniken, den Meeresregionen und den Zielfischarten abhängig. Im Nordatlantik wird der Beifang auf 13 Prozent geschätzt, weltweit spricht man von 20 Millionen Tonnen. Auch in Fischereien, in denen der Beifang nur wenige Prozent beträgt, sind die Zahlen eindrucksvoll: In der Beringsee und dem Golf von Alaska, wo nur sechs Prozent Beifang an Bord kommt, sind das pro Jahr immerhin eine Milliarde Individuen aus 130 verschiedenen Arten. Durch Wilderei, illegales Fischen und die Fälschung von Fangmeldungen werden zusätzlich Mengen angelandet, die nicht unter den Teppich zu kehren sind: Beim Roten Thun kommen für die Bestände des östlichen Mittelmeers auf 32 000 Tonnen zulässige Fangmenge zusätzlich 18 000 Tonnen illegal gefischte Tiere.

Viele Fischereien werden mit Subventionen unterstützt. Die auf diese Weise erhaltenen Überkapazitäten bedingen große Fangflotten und hohe Beschäftigungszahlen. Was kurz- bis mittelfristig sozioökonomisch lohnenswert erscheint, da intensiver Aufwand auch viele Arbeitsplätze, Bau von Fischflotten usw. bedeutet und erforderlich ist, um die noch vorhandenen Fische anzulanden, ist mittel- bis langfristig unökonomisch, da die insgesamt aufzubringenden Kosten die Erträge bei Weitem übersteigen. Dennoch bestehen besonders in Ländern, die stark von der Fischerei abhängig sind, große Widerstände, diese Spirale zu stoppen, zumal die Erholung der Bestände Jahre bis Jahrzehnte dauern kann.

8 Auftriebsgebiete und bedeutende Fischereifangebiete mit den Fangmengen (FAO 2009).

9 Dem Nahrungsnetz entlang nach unten fischen (Quelle: Pauly, 2007).

Was wird wo von wem gefischt?

200 Arten stellen weltweit etwa 75 Prozent der Fangerträge aus dem Meer. Die weltweit wichtigste Fischart ist die peruanische Anchoveta *Engraulis ringens* mit sieben Millionen Tonnen pro Jahr. Bei der Betrachtung der Fangmengen und angelandeten Fischarten stellt man fest, dass großwüchsige Arten in den letzten Jahrzehnten seltener werden, die Anlandung hochpreisiger Arten um 25 Prozent gefallen ist und kleinerwüchsige Arten immer stärker zunehmen.

Womit hängt diese Veränderung zusammen? Am Anfang der biologischen Produktion in Gewässern stehen Pflanzen, wie das Phytoplankton, und das mikrobielle Nahrungsnetz als Primärproduzenten. Sie bilden die erste trophische Ebene. Von ihnen ernähren sich pflanzenfressende Fische und Wirbellose (Krebse, Muscheln usw., trophische Ebene 2). Sie dienen wiederum größeren Konsumenten als Nahrung (trophische Ebene 3). Wir erhalten also ein Netz von Nahrungsbeziehungen und Zwischenstufen in den trophischen Ebenen. Je höher in der trophischen Ebene, desto weniger Individuen sind vorhanden. Nun sind solche weit oben in der Nahrungskette stehenden großen Raubtiere (auch Wale und Robben gehören dazu), ebenso wie große Schwärme, generalisiert gesprochen, relativ einfach zu befischen.

Wenn die großen Raubfische weg sind, wird mit kleineren Maschenweiten auf die nächst niedrigere Trophiestufe und die kleineren Fische gezielt. Dabei fängt man die Nahrungstiere und unbeabsichtigt auch die Jungtiere der großen Raubfische, sodass sich die Populationen nicht mehr erholen können. Problematisch ist, dass die Lebensspannen in der Regel umso kürzer sind, je kleiner die Organismen sind. Damit ist das gesamte System labiler und anfälliger für Umweltveränderungen. Mit der Erschöpfung der jeweiligen Zielfischart setzt sich das Spiel eine trophische Ebene nach unten fort, bis irgendwann nur noch Plankton, einschließlich Quallen, im Netz bleibt – das wandert

8

Fischereifanggebiete

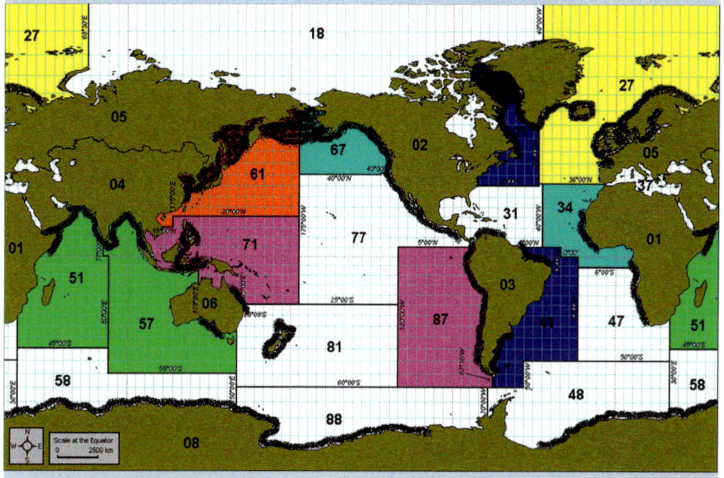

61 – Nordwest-Pazifik	21,6 Mio. t	51 – Westindischer Ozean	4,5 Mio. t
87 – Südost-Pazifik	12,0 Mio. t	34 – östlicher Zentralatlantik	3,3 Mio. t
71 – westlicher Zentralpazifik	11,2 Mio. t	67 – Nordost-Pazifik	3,1 Mio. t
27 – Nordost-Atlantik	9,1 Mio. t	41 – Südwest-Atlantik	2,4 Mio. t
57 – Ostindischer Ozean	5,8 Mio. t	21 – Nordwest-Atlantik	2,2 Mio. t

Auftriebsgebiete in schwarz dargestellt

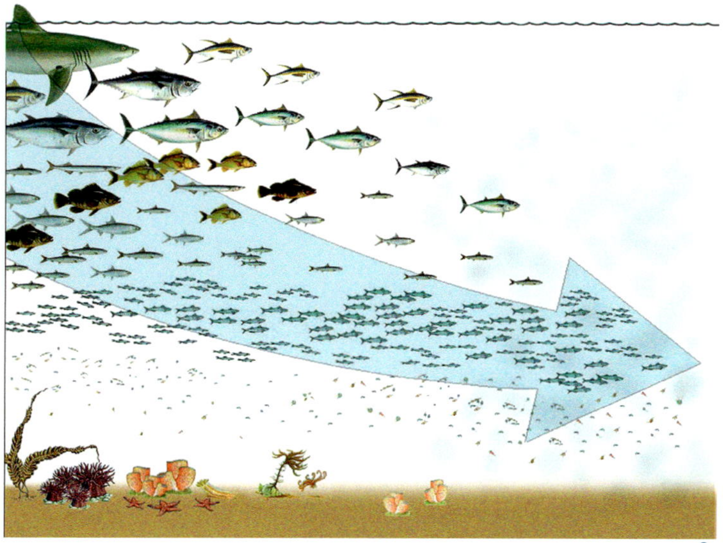

9

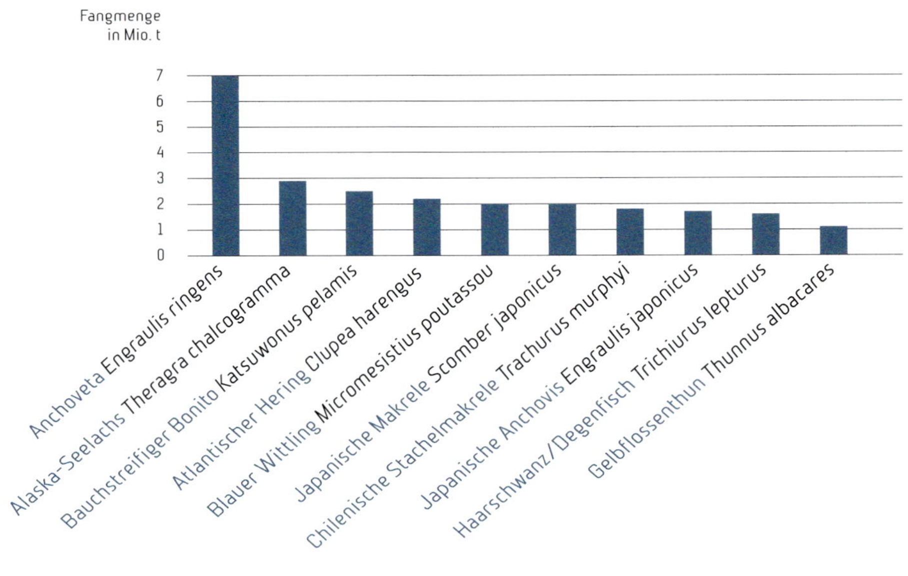

Die für die Fischerei wichtigsten Arten aus dem Meer (nach FAO 2009)

dann als Futter in die Aquakultur. Diese Fangkaskade, die mit dem Schlagwort «Fishing down the food web», dem Nahrungsnetz entlang nach unten fischen, bezeichnet wird, hat natürlich auch für das übrige Ökosystem Folgen, besonders für Seevögel, Robben und Wale, die von diesen Fischen abhängen.

Große Ansammlungen an Seevögeln zeigen uns, wo es sich vielleicht auch für den Menschen zu fischen lohnt: Es sind die Auftriebsgebiete und die Schelfmeere. Auftriebsgebiete nehmen 0,2 Prozent der Weltmeeresoberfläche ein und liefern 20 Prozent der Gesamtfänge der Weltfischereierträge. Schelfmeere sind die flachen Meereszonen – meist weniger als 200 Meter tief – über den Kontinentalsockeln. Sie machen nur sieben Prozent der gesamten Oberfläche der Weltmeere aus, hier wird aber der allergrößte Teil der Weltfischereierträge entnommen. Als ausschließliche Wirtschaftszonen gehören sie größtenteils den Anrainerstaaten, die sie intensiv befischen. Durch Küstenstaaten nur teilweise oder gar nicht genutzte Bestände können nach heutigem Seerecht gegen Devisen anderen Staaten zur Nutzung überlassen werden. Neben der oben angesprochenen Verschiebung im Spektrum der fischereilich wichtigen Arten wird eine geografische Verschiebung der wichtigsten Fanggebiete in Richtung Süden vorhergesagt. Heute gelten der Nordostatlantik, der Westindische Ozean und der Nordwestpazifik als die Regionen, in denen die Fischbestände am stärksten genutzt werden. Im Mittelmeer, dem drittwichtigsten Fischereigebiet der EU-Staaten, sind die Fänge von 1993 bis 2004 um 28 Prozent gesunken. Weniger stark ausgebeutet sind bisher der östliche indische Ozean, der Zentral- und Südwestpazifik. Die Verlagerung eines Teils ihrer Fangflotten in die Wirtschaftszonen von Entwicklungsländern (zum Beispiel vor Westafrika), wie sie einige Industrieländer in den letzten 10 bis 15 Jahren in zunehmendem Maße betreiben, ist problematisch, da sie häufig dieselben Fischbestände wie die an der Küste ansässigen Fischer nutzen und so längerfristig die Grundlage der einheimischen Fischerei beeinträchtigen können. Zudem sind oft die Gesetze

10 Kormorane vor der fischreichen Küste von Chile.

Die peruanische Sardelle Anchoveta – «Weltmeister» in der Fischerei

Der Humboldt-Strom ist eine kalte Meeresströmung aus der Subantarktis, der vor der südamerikanischen Westküste für den Auftrieb nährstoffreicher Wassermassen aus den Tiefen sorgt. Er leistet Erstaunliches: Hier gibt es mehr Fisch pro Flächeneinheit als in jeder anderen Meeresregion weltweit. Auf weniger als 0,1 Prozent der Meeresfläche werden hier etwa zehn Prozent des Weltfischereiertrags «produziert». Diesen Fischreichtum, der in erster Linie durch pelagische Kleinfischarten wie die Anchoveta und die Sardine *Sardinops sagax* gestellt wird, haben schon die ersten amerikanischen Kulturen vor 5000 Jahren genutzt. So basierte wohl die Supe-Kultur bei der Stadt Caral in Peru auf dieser Fischerei: 90 Prozent des Eiweißes in der Ernährung dieser Menschen stammte aus dem Meer! Die moderne Welt entdeckte zunächst einmal den Guano, einen natürlichen Dünger, der aus den Exkrementen von Seevögeln und Kalkstein besteht. Er wurde weltweit exportiert und bildete damit eine Grundlage der aufsteigenden peruanischen Ökonomie im 19. Jahrhundert. Erst 1955 begann die Anchovis-Fischerei. Das Mysterium, weshalb ausgerechnet hier die Fischproduktion – nicht aber die Primärproduktion – so viel höher ist als in anderen Auftriebsgebieten von Meeresküsten, bekannt als Anchoveta-Paradox, ist noch heute nicht vollständig geklärt. Bereits in geringen Tiefen nimmt der Sauerstoffgehalt sehr stark ab, wodurch sich die Entwicklung der tierischen Biomasse hauptsächlich auf einen Bereich nahe der Oberfläche beschränkt – und so als Futter für die Anchoveta konzentriert zur Verfügung steht. Den größten Teil ihres Kalorienbedarfs bezieht diese Sardelle aus Zooplankton, besonders Leuchtgarnelen und Ruderfußkrebsen, während das in Mengen aufgenommene Phytoplankton wohl in erster Linie als Lieferant essenzieller Mineralien dient. Die besondere geografische Lage führt zu variablen Wind- und Strömungsverhältnissen. Dadurch beginnen die r-Strategen (zum Beispiel auch Anchoveta) immer wieder von Neuem ihre starke Entfaltung. Die im Abstand von einigen Jahren auftretenden starken Veränderungen im Südpazifik, bekannt als El Niño, beeinflussen auch die Anchoveta-Fischerei massiv: 1970 wurde mit zwölf Millionen Tonnen ein Spitzenergebnis erzielt, im El-Niño-Jahr 1972 brachen die Fänge auf unter eine Million Tonnen ein und erholten sich über die folgenden knapp 20 Jahre nur langsam. Die Fangflotte der peruanischen Ringwadenfischerei, die die beiden genannten pelagischen Arten nutzt, hat nach aktuellen Schätzungen heute eine Überkapazität von 300 Prozent. Mit dem Ziel einer Optimierung des Fischereimanagements wurden jetzt individuelle Fangquoten eingeführt. Dabei wurde die gesamte zulässige Fangquote (Total Allowable Catch) auf die registrierten und lizenzierten Fangschiffe aufgeteilt. Man erhofft sich dadurch eine Beruhigung der Konkurrenzsituation und eine Ausdehnung der Fischereisaison, da nicht sofort nach Eröffnung der Saison alle nach der Sicherung eines möglichst großen Anteils am TAC streben, sondern die individuell zugeteilten Quoten im Laufe der Saison erreichen können. Die tatsächlichen sozioökonomischen und ökologischen Konsequenzen sind jedoch völlig offen.

10

Zahlenspiele

Wie kommen Fangzahlen eigentlich zustande? Die bedeutendste und bei Wissenschaftlern anerkannte Quelle für Daten zur Weltfischerei ist der alle zwei Jahre erscheinende Bericht «The State of World Fisheries and Aquaculture» (SOFIA) der FAO. Die Staaten liefern das Zahlenmaterial freiwillig an die FAO, die Daten werden aber nicht mit unabhängigen Quellen abgeglichen. Weitere wichtige Datenhalter, was die Fischereistatistik angeht, sind in Europa zum Beispiel EUROSTAT und der Internationale Rat für Meeresforschung (ICES), der die meisten Bestandseinschätzungen der in europäischen Gewässern befischten Bestände durchführt und aus diesen abgeleitet Höchstfangmengen vorschlägt. Bei kleineren Ländern fallen statistische Ungenauigkeiten nicht so ins Gewicht, doch bei einem Land wie China wirken sich Abweichungen massiv aus. Wieso misstraut man den chinesischen Angaben? Eine Analyse der Daten durch unabhängige Wissenschaftler brachte zutage, dass

- die großen Fischbestände entlang der chinesischen Küste schon seit Jahrzehnten als überfischt gelten,
- der tatsächliche Catch-per-unit-effort nicht angestiegen ist (obwohl anderes behauptet wurde) und
- die gemeldeten Fänge in der Ausschließlichen Wirtschaftszone von China doppelt so hoch sind, wie es die Modellierungsergebnisse vorhersagen.

Doch warum werden die Fangzahlen so geschönt? In der Ära steigenden Wachstums sollten die Vorgaben der Regierung zur Produktionssteigerung wenigstens auf dem Papier erfüllt werden. 1998 wurde dann versucht, diese zu hohen Angaben zu korrigieren, und man gab die Maxime des «Nullwachstums» aus. Dementsprechend waren die Fangdaten aus den Jahren 1999 und 2000 unverändert gegenüber denen des Vorjahrs.

11

12

Fischnetz – Ein Projekt untersucht den Fangrückgang in der Schweiz

Innerhalb von 20 Jahren sanken in der Schweiz die Forellenfänge um 60 Prozent. Daneben wurden lokal Veränderungen der Fischgesundheit festgestellt. Diese Phänomene waren Auslöser für eine fünfjährige, schweizweite Studie zu Ursachen und möglichen Verbesserungsmaßnahmen. Zwölf Hypothesen wurden im Rahmen von 77 Teilprojekten von mehr als 100 Wissenschaftlern, Experten aus der Fischerei, den Behörden und der Industrie inter- und transdisziplinär untersucht. Neben einer verringerten Befischungsintensität war eine Abnahme der Forellenpopulation zu konstatieren. Diese Bestandsverringerung ist in vielen Fällen dem Zusammenwirken verschiedener Faktoren zuzuschreiben, wie sich verschlechternder Qualität sowohl des Wassers als auch der Habitate. Die am häufigsten beobachtete Einzelursache ist proliferative Nierenkrankheit der Forellen (PKD, vgl. Kap. 4). Lokal sind auch andere Faktoren wichtig, zum Beispiel fischfressende Vögel. So tritt der Kormoran heute an einigen Gewässern häufiger auf als früher. In der Reuss entnahm der Kormoran zwölfmal mehr Äschen als ein Angler, während im Linthkanal umgekehrte Verhältnisse angetroffen wurden: Hier zog der Angler neunmal mehr Fisch aus dem Wasser als der Kormoran.

13

und Kontrollen in diesen Ländern schwächer, sodass einer illegalen Fischerei Tor und Tür geöffnet ist. Das Herkunftsgebiet oder -land zu sollte also beim Fischkauf in die Entscheidung miteinbezogen werden.

Unter den Fischereinationen ist China der größte Produzent mit einer Gesamtproduktion von 51 Millionen Tonnen (Fischerei 17 Millionen Tonnen, Aquakultur 34 Millionen Tonnen). Ob die Angaben über die Höhe der chinesischen Produktion allerdings zuverlässig sind, ist fraglich. Man spricht von einer Überschätzung der tatsächlichen Produktion um bis zu 100 Prozent. Andere wichtige Fischproduzenten sind Peru, die USA, Indonesien, Japan, Chile, Indien, Russland, Thailand und die Philippinen.

Auch das Süßwasser zeigt stellenweise eine hohe Produktivität, die für die Proteinversorgung der Anlieger

11 Sprotten *Sprattus sprattus* zum Verkauf.

12 Fangmaßbeschränkungen sind eine Maßnahme zur nachhaltigen Bewirtschaftung der Fischbestände.

13 Angeln – über zwei Millionen Menschen im deutschsprachigen Raum üben dieses Hobby aus.

nicht minder wichtig ist. Wenn wir uns auf den deutschsprachigen Raum beschränken, zeigt sich, dass die meisten Fischbestände durch die Mehrfachnutzung der Gewässer (Schiffbarmachung, Wasserkraft, Vorfluter) im letzten Jahrhundert deutlich abgenommen haben. Auf den durch die Schifffahrt genutzten «Bundeswasserstraßen» gingen in Deutschland die Fischereierträge innerhalb weniger Jahrzehnte um 90 Prozent zurück. Damit einhergehend nehmen auch die Fangerträge der Berufsfischer ab. In deutschen Flüssen und Seen wurden 2008 12 500 Tonnen Fische gefangen, davon angelten die Sportfischer mit knapp 75 Prozent den Löwenanteil. Diese Dominanz der Angelfischerei gegenüber der Berufsfischerei im Binnenland ist typisch für viele Industrienationen. Neben der Nutzung der fischereilichen Ressourcen sind für die Angler auch Entspannungs- und Erholungseffekte, Hege und Pflege von Gewässern und ihren Bewohnern sowie die Freude am Erleben der Natur und dem Verständnis ökologischer Zusammenhänge wichtige Motive. Die Abgrenzung zur Berufsfischerei ist vor allem in Ländern wie Finnland, wo fast jeder angelt und damit einen großen Teil der Fischversorgung sicherstellt, nicht immer leicht.

In der Schweiz sind 100 000 Angler registriert, in Deutschland sind es rund 1,6 Millionen und in Österreich 400 000. In allen deutschsprachigen Ländern ist eine Prüfung abzulegen. Dabei werden unter anderem Kenntnisse über Fischarten, Schonmaße, Schonzeiten, Fischhege, Gewässerschutz und Tierschutz geprüft. Die ökonomische Bedeutung des Freizeitangelns – auch durch den damit verbundenen kommerziell lukrativen Angeltourismus – kann sehr viel größer sein als die der kommerziellen Fischerei eines Landes.

14

14 Fischer am Hafen in Favignana, Sizilien.

Wie wird gefischt?

Vor dem Fang steht das Aufspüren der Fische. Während der Fischer früher auf seine Erfahrung oder die Deutung natürlicher Phänomene (wie zum Beispiel das Auftreten von Seevogelschwärmen oder Delfinen) angewiesen war, helfen heute Hydroakustik, Sonar und GIS bei der Ortung. Sonden an Netz und Schiff geben Auskunft über die Position des Netzes in Bezug zu den georteten Fischschwärmen und solche an verschieden Positionen im Netz geben Auskunft über den Füllungsgrad des Netzes. Die frühesten Hilfsmittel, Fische zu jagen, waren Speere und Harpunen. Reusen haben Kammern, deren Eingänge verengt sind, sodass es daraus kein Entkommen gibt. Dazu zählen auch Anlagen, in denen Fische durch Leitnetze in große Fangkammern geleitet werden, wie die als «Tonnare» und «Almadraba» bezeichneten Anlagen, die dem Thunfischfang im Mittelmeer und an der spanischen Atlantikküste dienen. In der Fischerei mit Netzen unterscheidet man zwischen passiven und aktiven Fanggeräten: Zu ersteren zählen Treib- und Stellnetze. Ringwaden, Kurren, Schleppnetze und Waden sind aktive Fanggeräte. Die Ringwade («purse seine») ist ein großes Umschließungsnetz für oberflächennahe Schichten, mit dem man Schwarmfische wie Heringe oder Makrelen oder Arten wie Thune fängt. Schleppnetze sind trichterförmig und werden von ein oder zwei Trawlern oder Kuttern durch das Wasser gezogen. Schwimmschleppnetze können in allen möglichen Tiefen durch das Wasser gezogen werden, während Grundschleppnetze mit dem Grundtau immer Bodenkontakt haben. Bei Baumkurren, die auf Kufen über den Meeresboden gleiten, wird das Netz durch einen quergelegten «Baum» offengehalten. In den meisten Meeresgebieten werden durch Grundschleppnetze und Baumkurren sehr viele Organismen und Bodenstrukturen beschädigt.

Der Kritik an der Grundschleppnetzfischerei, die zudem sehr viel Treibstoff benötigt, wird von Seiten der Fischerei entgegengehalten, dass sie immerhin 23 Prozent der globalen Fangerträge liefert. Mit bis zu 20 Kilometer langen Langleinen und Angeln werden ebenfalls große Mengen an Fischen gefangen, besonders, wenn der Meeresgrund den Einsatz von Schleppnetzen nicht erlaubt. Langleinen gelten als vergleichsweise umweltfreundlich, weil sie sehr selektiv die Zielarten fangen und keine negativen Auswirkungen auf den Meeresboden haben. Ein Problem ist allerdings der mögliche hohe Beifang an Seevögeln, der bereits zu erheblichen Rückgängen bei Albatrossen und großen Sturmvögeln geführt hat. Dass dieses Problem jedoch lösbar ist, zeigen die Bemühungen der Kommission des Abkommens zur Erhaltung der lebenden Meeresschätze in der Antarktis (CCAMLR), dem es in zehnjährigen Bemühungen gelang, den Seevogelbeifang in der Langleinenfischerei auf Patagonischen und Antarktischen Schwarzen Seehecht *Dissostichus* ssp. fast gänzlich zu eliminieren.

15 Moderne Fischereischiffe sind Fabriken auf dem Meer.

16 Netzanlagen für die traditionelle Almadraba an der Atlantikküste Spaniens. Zweimal im Jahr, wenn die Thunfische ins Mittelmeer hinein und später wieder hinaus in den Atlantik ziehen, wird ein Labyrinth von Stellnetzen gesetzt, mit dem die Fische gefangen werden.

17

18

19

17 Fischerboot bei der Almadraba.

18 Reusen im Fischereihafen von Puerto da Comil, Spanien.

19 Gefangener Antarktisdorsch *Notothenia coriiceps*.

20 Anker, mit denen die Netzanlagen für die Almadraba befestigt werden.

20

Wie würde nachhaltige Fischerei aussehen?

21

21 Küstenfischer bei der Arbeit an der Küste von Florianopolis, Brasilien.
22 Fischerei an der Küste von Kerala, Indien.

Nach FAO könnten bei einer nachhaltigen Fischerei Fangerträge zwischen 69 und 96 Millionen Tonnen erwartet werden. Da heute praktisch alle Bestände genutzt werden, bedeutet nachhaltige Bewirtschaftung den Wiederaufbau der Bestände. Propagiert werden Einschränkungen der Fangkapazität, Erhöhung der Fangselektivität für bestimmte Arten und Reduktion des Beifangs, Zertifizierungen, Einrichtung von Schutzgebieten und Umsetzung des «Code of Conduct» der FAO. Dieser Verhaltenskodex besagt, dass derjenige die Beweislast hat, der behauptet, eine bestimmte Fischerei würde den Fischbestand und das

22

Ökosystem, in dem die Fische leben, nicht schädigen: Damit würde sich das Ziel der Fischereiforschung von der Ausbeutung der Ressourcen hin zu einem Schutz der Naturgüter verschieben. Dass das genügend großen Anklang findet, muss leider bezweifelt werden.

1

Aquakultur – die blaue Revolution?

6

Globale Bedeutung der Aquakultur

Die Aquakultur ist ein großer Hoffnungsträger, wenn es darum geht, die Proteinversorgung der stetig wachsenden Bevölkerung zu gewährleisten. In diesem Sektor werden starke Steigerungsraten verzeichnet, und die Produktion von Fischen und Wirbellosen stieg von einer Million Tonnen Mitte der 1950er-Jahre auf über 51 Millionen Tonnen 2006. Knapp die Hälfte des Speisefischs stammt heute bereits aus der Aquakultur. Bei all diesen Zahlen ist Vorsicht geboten, wie schon in Kap. 5 begründet wurde. Bevor wir uns mit den Herausforderungen rund um die Aquakultur beschäftigen, zunächst einige grundlegende Zusammenhänge.

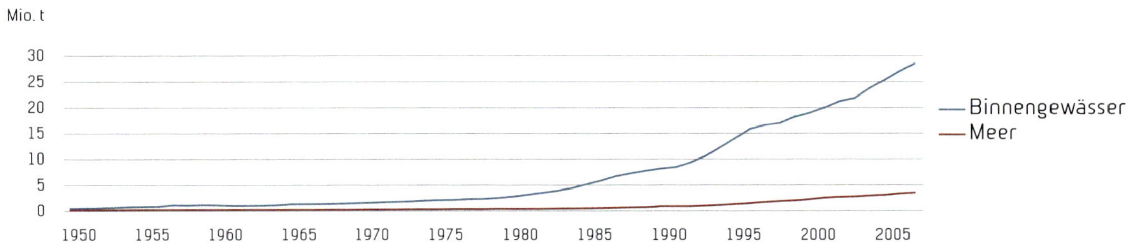

Entwicklung der weltweiten Produktion von Fischen in der Aquakultur
(nach FAO online; Fisheries & Aquacult. Information and Statistics Services, 2010)

2

1 Vorhergehende Doppelseite: Zertifizierte Pangasius-Zucht *(Pangasianodon hypophthalmus)* in Vietnam. Die Produktion ist darauf angelegt, negative Umwelteinflüsse zu minimieren sowie Fischgesundheit, Sozialverträglichkeit und Rückverfolgbarkeit der Produkte zu gewährleisten. Zu sehen ist die Anlieferung von Biofutter, dessen Herstellung strengen Richtlinien (Naturland, Biosuisse) unterliegt.

2 *Tilapia* – wird auch als «Huhn der Aquakultur» bezeichnet – ist einer der wichtigsten und erfolgreichsten Fische in Aquakulturen.

3 Der Karpfen *Cyprinus carpio* und seine Verwandten gehören zu den häufigsten in Aquakultur gehaltenen Fischen.

Was wird in der Aquakultur produziert und von wem?

Die Aquakultur, also die Aufzucht und Bewirtschaftung von aquatischen Organismen unter kontrollierten und geschützten Bedingungen, hat ihren Ursprung vor 3000 Jahren in kleinen Teichen kleinbäuerlicher Familienbetriebe Asiens. Noch heute stellt dieser Kontinent den größten Teil der gesamten Weltproduktion. Europa und Amerika tragen mit je vier bis fünf Prozent zur weltweiten Aquakulturproduktion bei, Afrika mit etwa 1,5 Prozent. Die zehn wichtigsten Produktionsländer für Speisefische sind China, Indien, Vietnam, Thailand, Indonesien, Bangladesch, Chile, Japan, Norwegen und die Philippinen. Insgesamt werden heute mehr als 450 Arten kultiviert,

3

4

nur etwa 60 sind jedoch von ökonomischer Relevanz. 85 Prozent der Fische aus Aquakulturen sind Süßwasserfische. Die Cypriniden stehen mit 20 Millionen Tonnen pro Jahr ganz an der Spitze, mit weitem Abstand folgen die Cichliden und die Salmoniden (je über zwei Millionen Tonnen). Karpfenartige sind traditionsgemäß besonders in Asien und in Osteuropa beliebt. Andernorts werden sie wegen ihres Grätenreichtums und des gelegentlich erdigen Beigeschmacks bei ungenügender Klarwasserhälterung nicht besonders geschätzt. Sie lassen sich aber vergleichsweise einfach vermehren und aufziehen und sind bezüglich ihrer Ansprüche an Wasserqualität, Temperatur, Nahrung und Besatzdichte in den Teichen nicht sehr anspruchsvoll. Im deutschsprachigen Raum ist die Forelle die ertragsstärkste Art, gefolgt vom Karpfen. Aale, Saiblinge, Störe und Welse sind bei uns ebenfalls wichtige Arten, wenngleich deren Produktionsvolumen weit unterhalb derer von Forellen und Karpfen liegen. Europaweit mengenmäßig am wichtigsten sind Atlantischer Lachs, Forelle, Dorade, Wolfsbarsch und Karpfen. Erfolgreiche Aquakultur-Arten wachsen rasch, sind widerstandsfähig gegenüber Krankheiten, vertragen sich untereinander und können deshalb auch bei hoher Besatzdichte gehalten werden. Es werden auch solche Arten bevorzugt, die bereits vor der Geschlechtsreife eine marktfähige Größe erreichen, und Fische, die sich in Gefangenschaft vermehren lassen. Mit dem Schließen des Lebenszyklus in der Aquakultur wird man unabhängig von den natürlichen Reproduktionszyklen und kann das Angebot besser auf die Nachfrage des Marktes ausrichten. Zudem entfällt damit der Wildfang von Nachwuchs.

Formen der Aquakultur

Es kann zwischen landbasierter und mariner Aquakultur (Marikultur) unterschieden werden, ebenso nach der Art der Wassernutzung. Aquakultur-Teiche sind künstlich angelegte und vollständig ablassbare Gewässer. Es sind weitgehend geschlossene ökologische Systeme, die nur wenig Frischwasser brauchen, um den Wasserverlust durch Versickerung und Verdunstung auszugleichen. Die in den Teichen gezüchteten Fische – zum Beispiel Karpfen, Schleien, Zander *Sander lucioperca* und Hechte – nutzen überwiegend die dort vorhandene Naturnahrung, die durch gezielte Düngung erhöht oder durch Zufütterung ergänzt werden kann. Für Durchflussanlagen, beispielsweise für die Aquakultur von Salmoniden, wird Wasser in großen Mengen aus angrenzenden Fließgewässern entnommen. Es wird durch die Produktionsanlagen geleitet, um die Sauerstoffzufuhr und den Abtransport von Stoffwechselendprodukten der Fische sicherzustellen. Käfigartige Behälter, die im Wasser unter anderem an Schwimmsteganlagen hängend verankert werden, zählen zu den Gehegeanlagen, in denen zum Beispiel Salmoniden und Spariden (Wolfsbarsch *Dicentrarchus labrax*; Goldbrasse oder Dorade *Sparus aurata*) gehalten werden. Bei geschlossenen Kreislaufanlagen – unter anderem für Steinbutt *Scophthalmus maximus*, Stör und Wels – wird das Wasser im Kreislauf geführt und über Filter und eventuell weitere technische Einrichtungen aufbereitet. Eine Wasserzufuhr von maximal zehn Prozent ist nötig, um Verluste durch Verdunstung und Reinigung auszugleichen. Diese technologisch anspruchsvollste Form der Aquakultur ist nahezu standortunabhängig und emissionsfrei, hat aber einen hohen Wartungs- und Energiebedarf. Neben der Produktion von Speisefisch wird Aquakultur von Fischen auch für die Aquaristik betrieben und um in der Natur bedrohte Arten durch die Freisetzung von Nachwuchs zu unterstützen.

5

6

4 Die Meeräsche *Mugil sp.* – ein omnivorer Fisch, der häufig in der Aquakultur gezüchtet wird. Ägypten ist das Land mit der höchsten Produktion.

5/6 Die künstliche Vermehrung von Lachsen wird seit mehr als hundert Jahren praktiziert, wie diese Bilder von der Zuchtanstalt Hueningen am Rhein (Frankreich) zeigen.

7

8

7 Aufzuchtbecken für junge Lachse an der Pazifikküste Nordamerikas.

8 Gehegeanlagen für Lachse *Salmo salar* in Norwegen.

9 Der Wolfsbarsch *Dicentrarchus labrax* kommt heute schon an vielen Orten aus der Aquakultur.

10 Die Dorade oder Goldbrasse *Sparus aurata* wird häufig in Aquakultur im Mittelmeer gezüchtet.

Herausforderungen einer umweltgerechten Aquakultur

Kann die Aquakultur den Druck von den überfischten Populationen nehmen und tatsächlich wesentlich zur Deckung des Proteinbedarfs in der Welt beitragen? Hinsichtlich der Versorgung der Weltbevölkerung mit Protein können wir grob zwischen zwei Formen der Aquakultur unterscheiden: die Aquakultur, die auf einer niedrigen trophischen Ebene angesiedelt ist und pflanzenfressende Arten oder Allesfresser produziert, und die Aquakultur von Raubfischen. Zu Ersterer gehören verschiedene Muscheln und Süßwasserfische, wie Graskarpfen, Tilapien, sowie Milchfisch und Meeräschen *Mugil sp.* Etwa 85 Prozent der Fischproduktion in der Aquakultur basieren auf solchen Arten. Diese Kulturen sind bevorzugt in Asien zu finden, sie produzieren meist extensiv oder semi-intensiv und versorgen vor allem die Bevölkerung vor Ort. Es sind hingegen meist hochpreisige Raubfische (Lachse, Wolfsbarsche, Goldbrasse, Kabeljau und deren Verwandte, Plattfische und Thunfische), die für den wachsenden Bedarf in vielen industrialisierten Ländern der Welt produziert werden. Diese zunehmend industrielle Aquakultur wird durch wenige multinationale Firmen dominiert. Raubfische sind, ökologisch gesprochen, die «Tiger» und «Wölfe» des Meeres, und sie fressen kleine Fische. Sowohl in der Natur als auch in der Aquakultur benötigen sie eine große Menge an Futterfischen. Die Umwandlung von Biomasse von einer trophischen Ebene in die nächsthöhere unterliegt biologischen Gesetzmäßigkeiten: Um ein Kilogramm Fisch-Biomasse in natürlichen Ökosystemen zu bilden, werden zirka zehn Kilogramm Futterfische benötigt. In Aquakulturen hingegen werden in der Regel künstliche Futtermittel eingesetzt, die zwar aus großen Anteilen Fischmehl- und -öl, aber auch aus anderen Futterrohstoffen wie Stärkeprodukten, pflanzlichen Proteinen und Ölen bestehen. In Abhängigkeit des Fischmehl- und Fischölanteils an der Nahrung werden zur Produktion von einem Kilogramm Raubfisch zwischen 1,2 und 5 Kilogramm Futterfische benötigt. In der Aufzucht von Thunen werden häufig ausschließlich Futterfische verfüttert, und man benötigt dann 10 bis 20 Kilogramm Futterfisch zur Produktion von einem Kilogramm Thun. Es gibt jedoch auch Anstrengungen, diese Aquakultur nachhaltiger zu gestalten. Durch Nutzung alternativer Futterrohstoffe, Fortschritte in der Futtermittelherstellung und dem Fischhaltungsmanagement ist analog der drastischen Reduzierung des Fischmehlaufwands in der Vergangenheit auch in Zukunft ein abnehmender Bedarf zu erwarten und ein Fischinput von weniger als einem Kilogramm pro Kilogramm produzierten Fisch wahrscheinlich. Insgesamt weist die Aquakultur derzeit aufgrund der hohen Produktionsmengen herbi- oder omnivorer Fische einen Nettogewinn an Fisch auf. Bei karnivoren Aquakulturarten zeigen sich zwar immense artspezifische Unterschiede, aber bei solchen Arten ist heute noch ein Nettoverlust an Fisch für die menschliche Ernährung zu konstatieren. Es ist jedoch zu berücksichtigen, dass die zur Fischmehlproduktion genutzten Fischarten aufgrund ihrer geringen Größe und des hohen Knochenanteils meist nicht oder nur eingeschränkt für den menschlichen Verzehr geeignet sind.

Heute werden 30 Millionen Tonnen Fisch, vorwiegend kleine pelagische Arten, zu Lachs, Thun und vielen anderen größeren karnivoren Fischen «veredelt». Dazu kommt sogenannter «Trash Fish», also Abfall, der bei der Verarbeitung von Fisch (zu Filet usw.) entsteht, der in keiner Fangstatistik aufgeführt wird und über fünf Millionen Tonnen pro Jahr ausmacht. Aus Futterfischen wird Fischmehl produziert. Von der gesamten Fischmehlproduktion gehen 56 Prozent in die Aquakultur, ebenso 87 Prozent der gesamten Fischölproduktion. Obwohl die Futtermittel optimiert werden, der Futterquotient (das oben angesprochene Verhältnis zwischen Menge (kg) an eingesetztem Futter und der Menge (kg) der daraus resultierender Biomasse des Speisefischs) sinkt und der Anteil an pflanzlichen Rohstoffen steigt,

9

10

11

11 Typische Rundkäfige für die Aquakultur von Wolfsbarsch und Goldbrasse vor der griechischen Küste. Griechenland produziert mittlerweile jährlich 120 000 Tonnen Fisch in Aquakultur und ist größter Exporteur dieser beliebten Mittelmeerarten.

12 Thunfische – können sie bald in der Aquakultur künstlich vermehrt werden?

wird der Bedarf an Fischmehl und Fischöl durch die stetig steigenden Produktionszahlen weiter wachsen. Bei stagnierenden Fischereierträgen muss also ein entsprechender Ersatz gefunden werden, der einen hohen Anteil an Protein mit einer vorteilhaften Zusammensetzung an Aminosäuren, kombiniert mit einem niedrigen Faseranteil, aufweist und Stärke sowie nicht lösliche Kohlenhydrate enthält. Sojamehl wird zunehmend eingesetzt, doch sein Nutzen ist für karnivore Fische begrenzt. Aufgrund unerwünschter Begleitstoffe, sogenannter Antinutritiva, als auch aufgrund der Proteinstruktur bleiben viele Nährstoffe ungenutzt, und einige Fischarten leiden an chronischem Durchfall. Aufbereitete und aufgereinigte pflanzliche Proteine, die die Anforderungen erfüllen könnten, waren in der Vergangenheit im Vergleich zu Fischmehl zu teuer. Die Kosten für Futter tragen in modernen Aquakulturanlagen mit mehr als 50 Prozent zu den Gesamtproduktionskosten bei. Da die steigende Nachfrage nach Fischmehl und Fischöl zu einem deutlichen Preisanstieg bei diesen Produkten führte, werden hochwertige pflanzliche Proteine zunehmend konkurrenzfähig.

Wilden Populationen werden Fische nicht nur zur Verfütterung an die Aquakultur-Arten, sondern auch für die Gewinnung des Nachwuchses entnommen. Je nach Art werden die laichreifen Elterntiere gefangen und in Gefangenschaft zur Fortpflanzung gebracht oder die Fischbrut (bis zum Juvenilstadium) wird gefangen und in den Anlagen aufgezogen (zum Beispiel bei Aal,

Ist die Thunfisch-mast die elegante Lösung?

Die Fangerträge stagnieren, doch der Hunger nach Fisch ist beim Menschen noch lange nicht gestillt. So steigen auch die Preise für den zunehmend rar werdenden Roten Thun. Im Mittelmeer gilt die Thunfischpopulation als überfischt. Ein Weibchen des Roten Thuns produziert pro Jahr fünf Millionen Eier, von 40 Millionen junger Thunfische erreicht nur einer das Erwachsenenalter. Was liegt also näher, als junge Thunfische vor dem hohen Todesrisiko zu bewahren und unter geschützten Bedingungen für den menschlichen Bedarf aufzuziehen und zu mästen? Im Mittelmeer wird von fast allen Anrainerstaaten diese Thunfischmast betrieben. Da jedoch die relativ jungen und alten Thune der bereits sehr dezimierten Population entnommen werden, wird der Fortpflanzungserfolg der frei lebenden Tiere dadurch zusätzlich eingeschränkt. Groß angelegte Forschungsprojekte der EU zielen deshalb auf die Fortpflanzung und das Schließen des Lebenszyklus des Roten Thuns in Gefangenschaft, um eine sich selbst erhaltende Population dieser Art in Aquakultur zu etablieren. Durch Anwendung von Implantaten, die das Hormon Gonadotropin (GnRHa) freigeben, können die Tiere inzwischen zum Ablaichen gebracht werden, die Larven schlüpfen auch, doch ihre Aufzucht stellt sich nach wie vor schwierig dar.

12

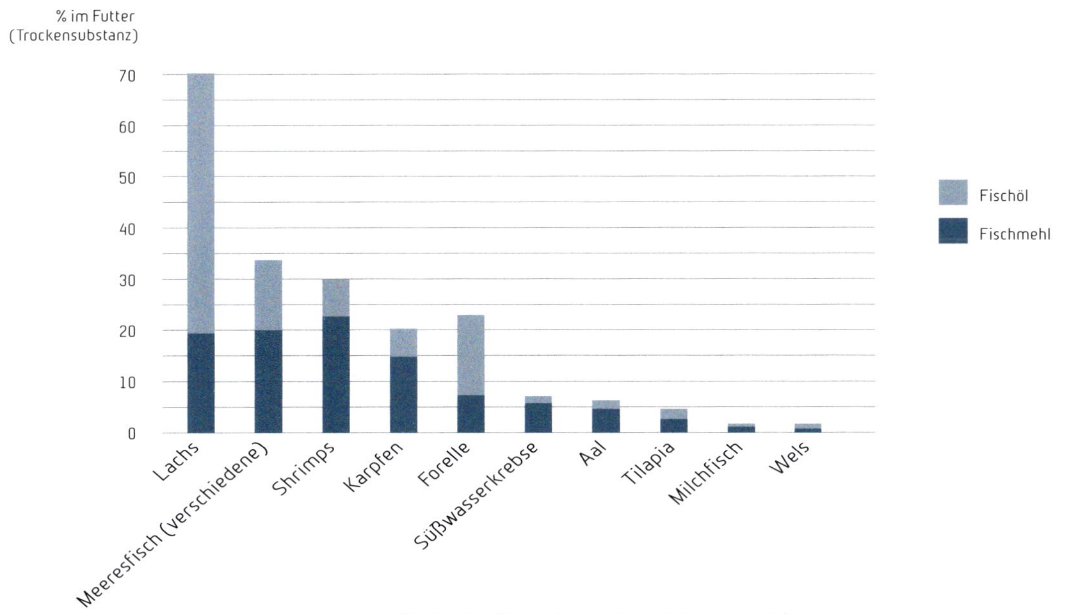

Anteil von Fischmehl und Fischöl im Futter in der Aquakultur verschiedener Arten (in % des Gesamtfischmehl/-öl, das in der Aquakultur eingesetzt wird) (nach FAO 2009)

Milchfisch, Thunfischen, Meeräschen und anderen). Durch Verbesserungen in der kontrollierten Reproduktion gilt das heute für nur noch 20 Prozent der Aquakultur-Produktion. Die Entnahme von Fischbrut kann negative Konsequenzen für die Wildfischpopulationen haben: Beim europäischen Aal wurden in den letzten Jahren Glasaale in großen Mengen gefangen, um sie in Kultur zu nehmen. Die Art gilt heute als bedroht. Auch wenn hierfür verschiedene Ursachen eine Rolle spielen, so hat die Bedarfsdeckung für die Aquakultur einen guten Anteil daran, und der Fang von Glasaalen ist in Europa mittlerweile streng reguliert.

13

Wie «sauber» produziert die Aquakultur heute?

14

15

Intensiv betriebene Aquakulturen belasten die Umwelt, da ungefressenes Futter, Fäkalien, Exkrete und eventuell Rückstände von Arzneimitteln in das abfließende Wasser gelangen. Hohe Stickstoffkonzentrationen können besonders bei ungenügendem Wasseraustausch zur Eutrophierung der Umgebung führen. Übermäßiger Nährstoffeintrag aus Netzgehegen verändert die Artengemeinschaft am Meeresboden. Zwischen 15 und 20 Prozent des gegebenen Futters sinken in Lachsfarmen ungenutzt auf den Meeresboden – optimierte Farmen können diesen Verlust auf fünf Prozent senken. Technischer Fortschritt ermöglicht insgesamt eine deutliche Reduktion der Belastungen: So sanken die Ausscheidungen norwegischer Lachse von 1975 bis 2003 von 180 Kilogramm auf 30 Kilogramm pro Tonne produzierten Fisches. Der Einsatz von Antibiotika konnte in diesen Farmen mittlerweile auf 0,5 Prozent der Menge reduziert werden, die noch 1990 nötig war. In der EU sind Antibiotika nur zur Therapie mit strengen Auflagen erlaubt, nicht jedoch die Fütterung zur Leistungssteigerung. Zuchtfische können aus den Anlagen entkommen. Sie konkurrenzieren frei lebende Artgenossen und pflanzen sich mit ihnen fort – zum Nachteil der Wildpopulationen.

13 Chile verarbeitet 90 Prozent seiner Anchoveta-Fänge zu Fischmehl – beispielsweise in dieser Fischmehl-Fabrik.
14 Stör *Acipenser sp.*
15 Für die Zucht des Sibirischen Störs *Acipenser baerii* in Frutigen (Schweiz) wird das warme Abwasser aus dem Bau des Lötschbergtunnels genutzt.

Hormonbehandlungen, Sexumkehr und genetisch modifizierte Fische

Die Aquakultur zielt auf die Produktion marktfähiger Fische in möglichst kurzer Zeit und auf eine kontinuierliche Deckung der Nachfrage. Damit die Tiere die Energie aus dem Futter nicht für das Wachstum der Gonaden (bis zu 30 bis 50 Prozent der Körperenergie), sondern für das Körperwachstum einsetzen, kann eine Hormonbehandlung während der Geschlechtsdifferenzierung den Eintritt der Geschlechtsreife verzögern. Oft wird ein bestimmtes Geschlecht in der Aquakultur bevorzugt, weil beispielsweise, wie bei *Tilapia,* die männlichen Tiere schneller wachsen und wesentlich höhere Endmassen erreichen als die Weibchen. Eingeschlechtliche Populationen können nicht nur durch Hormonbehandlung, sondern auch durch Inaktivierung von geschlechtsspezifischen Erbinformationen erreicht werden. So werden Spermien mit UV bestrahlt, um die in ihnen vorhandenen männlichen Gene zu vernichten. Die befruchteten Eier entwickeln sich dann zu einer rein weiblichen Population, wenn die ersten Zellteilungen der heranreifenden Fischlarven gezielt mit Druck- und Temperaturbehandlungen beeinflusst werden. Außerdem verwerten sterile Fische aufgenommenes Futter recht effektiv. Die Induktion eines triploiden Chromosomensatzes, hervorgerufen zum Beispiel durch Druck- oder Temperaturschocks, kann bei Fischen Sterilität bewirken. Beim Atlantischen Lachs in Aquakulturen in British Columbia handelt es sich um sterile triploide Weibchen, die dadurch nicht mit den wilden Lachsen hybridisieren, sollten sie aus der Zucht ausbrechen. Transgene Fische, die unter den Überbegriff «genetisch modifizierte Organismen» (GMO) fallen, sind solche, denen mithilfe molekularbiologischer Methoden (Klonieren) Gene anderer Arten eingesetzt wurden. Ein Beispiel ist die Einführung eines fremden Wachstumshormons, sodass der Empfängerfisch stärker wächst. Horrormeldungen, wonach genetisch manipulierte Lachse als Monsterfische um ein Mehrfaches größer würden als die Wildtiere, sie ihnen in der Konkurrenz überlegen seien und sie durch Kreuzung «überwältigen» würden, scheinen nicht den Tatsachen zu entsprechen. Die Wachstumssteigerungen liegen im Rahmen von zehn Prozent. Bisher sind keine GMO-Produkte aus der Aquakultur auf dem Markt.

16

Aquakultur? Ja – aber …
Prognosen und Trends

Aquakultur trägt in der Bilanz zur Erhöhung der Versorgung mit Fischeiweiß bei: Derzeit werden 17 Millionen Tonnen Fisch zu Fischmehl verarbeitet (56 Prozent von 30 Millionen Tonnen) und in der Aquakultur zur Erzeugung von 45 Millionen Tonnen tierischer Aquakultur-Produkte eingesetzt. Es sind vor allem die karnivoren Fische und Krebstiere, die den überwiegenden Teil des Fischmehls benötigen, ein Nettozugewinn ist derzeit noch nicht gegeben. Für Fischmehl und Fischöl im Fischfutter wird nach Ersatz gesucht, und zukünftig sollte auch hier ein Nettogewinn an Fisch für den menschlichen Verzehr, entsprechend der Produktion von Herbivoren, erreicht werden. Anstrengungen werden unternommen, um Kleinfische wie Anchoveta, die in den letzten Jahren in die Fischmehlmühle wanderten, als Speisefisch attraktiv zu machen. Durch die zunehmende Domestikation von Fischarten und züchterische Auslese sind ein besseres Wachstum, eine Optimierung der Futterverwertung und eine höhere Krankheitsresistenz zu erwarten, wie das von Landwirbeltieren seit Jahrhunderten bekannt ist.

Neben der Abhängigkeit von Futterfisch ist die Reproduktion in der Gefangenschaft eine weitere große Herausforderung an die Aquakultur der Zukunft. Dann sind Praktiken zu minimieren, die zu Habitatzerstörungen, Wasserverschmutzung, Einführung und Freisetzung exotischer Arten und Pathogene beitragen. Sie sind nicht nur für die frei lebenden Fischpopulationen, auch für die Aquakulturen selbst, ebenso wie für den Menschen und seine Umwelt nachteilig. Die Entwicklung integrierter, nachhaltiger Kultursysteme ist eine weitere Bestrebung, deren Betrieb wird allerdings meist teuer. Hier können Polykulturen und integrierte Aquakulturen als Anhaltspunkt dienen, wie sie in Asien seit Jahrtausenden betrieben werden. Bei der integrierten Kultur werden Arten verschiedener trophischen Ebenen im selben System gehalten, um die freigesetzten Nährstoffe der einen Arten für die Produktion anderer Arten zu nutzen. So dienen die Ausscheidungsprodukte von Geflügel, das an oder über dem Teich gehalten wird, der Düngung von Algen und Wasserpflanzen, die dann pflanzenfressenden Fischen als Nahrung zur Verfügung stehen. In der Polykultur werden verschiedene Fischarten zusammen gehalten, die unterschiedliche ökologische Nischen besetzen und dementsprechend verschiedene Futterbedürfnisse haben. So frisst der Silberkarpfen Phytoplankton, der Graskarpfen ernährt sich vorwiegend von Pflanzen, während der gewöhnliche Karpfen ein Allesfresser ist und der Marmorkarpfen Phyto- und Zooplankton filtriert.

Auch der Platz für Aquakulturen wird knapp, sowohl im Binnenland als auch in küstennahen, marinen Gebieten. Wenn die natürlichen Küsten-Ökosysteme, wie zum Beispiel die Mangroven, als Kinderstube vieler Fischarten nicht mehr zur Verfügung stehen, weil der Raum für industrielle Fischproduktion genutzt wird, ist mit einer merklichen Reduktion der Fischereierträge in diesen Regionen zu rechnen.

Um diesen Engpass zu entschärfen, werden derzeit weit von der Küste entfernte Off-shore-Farmen mit

17

16 Juvenile Lachse werden bis zur Metamorphose in Aufzuchtsbecken gehalten, dann suchen sie ihren Weg über die Flüsse ins Meer, bevor sie als geschlechtsreife Tiere zurückkommen und ihren Weg in die Brutanstalt selbständig finden – wo sie geschlachtet werden.

17 Fischmehl wird – wie hier in Chile produziert – weltweit in Aquakulturen zur Fütterung eingesetzt.

Netzgehegen, die absenkbar und verdriftbar sind, entwickelt und erprobt. Sie würden die Probleme der Ökosystem-Belastungen reduzieren, bringen aber wieder neue Herausforderungen mit sich, wie die Überwachung und Versorgung des Tierbestandes sowie die Klärung rechtlicher Fragen hinsichtlich Eigentumsansprüchen und Haftung bei Schadensfällen. Dazu kommt der Klimawandel: Welche direkten und indirekten Konsequenzen die Veränderungen von Temperatur, Wettergeschehen, Wasserqualität und der natürlichen Ökosysteme für die Aquakultur haben werden, ist noch kaum absehbar.

Biologische und ökologische Indikatoren, sowie solche, die Interessenkonflikte und unterschiedliche Nutzungen bewerten (z. B. Nutzung von Wasser für Bewässerung in der Landwirtschaft, als Trinkwasser oder für Aquakultur) können helfen, die Nachhaltigkeit der unterschiedlichen Formen der Aquakultur zu bewerten. Für eine nachhaltige Entwicklung sind alle involvierten Akteure, von einzelnen Konsumentinnen und den Produzenten bis hin zur internationalen Politik, gefragt. Mit zunehmender Verknappung der Ressourcen Futter, Wasser und Land und, parallel dazu, steigender Verbraucheraufklärung wird die Diskussion über die Nachhaltigkeit dieser Branche intensiver geführt. Die Fischereipolitik der EU bemüht sich deshalb um umweltschonende Produktionsweisen und das Angebot qualitativ hochwertiger Erzeugnisse. Die Konsumentinnen fordern heute Produkte, die sozial und ökologisch verantwortlich hergestellt werden und gesundheitlich unbedenklich sind.

Zertifizierungen und «Codes of conduct» in der Aquakultur können positive Effekte für den Wettbewerb, das Tier, die Umwelt und die Konsumentinnen haben, sie können aber auch missbraucht werden, um z. B. die eigenen Märkte zu schützen. Die Zertifizierung geht mit Kosten einher, die sich kleine Farmer oft nicht leisten können. Für die Zertifizierung von Aquakultur-Betrieben ist eine gute Aquakultur-Praxis wichtig, wozu Transparenz, Rückverfolgbarkeit der Fische, Qualität, Lebensmittelsicherheit, artgerechte Tierhaltung, Berücksichtigung ökologischer Belange und soziale Verantwortung gehören.

18 Traditionelle Aquakultur in Thailand, Yor-Insel.

1

Fisch auf den Tisch!

7

Bedeutung von Fisch für die Ernährung: Omega-3-Fettsäuren

1 Vorhergehende Doppelseite: Lachs ist nicht gleich Lachs. Verschiedene Aufzucht-, Räucher- und Lagermethoden ergeben unterschiedliche Resultate in der Qualität. Dieser frische Rauchlachs aus Norwegen lässt einen Gaumenschmaus erwarten.

Essen Sie Fisch? Mit 16 Kilogramm Fisch, die pro Kopf und Jahr in den Ländern des deutschen Sprachraums verspeist werden, liegen wir weltweit im Durchschnitt. Traditionelle Fischfangnationen wie Grönland oder Japan bringen mehr als 60 Kilogramm pro Kopf und Jahr auf den Tisch, während es bei einigen Binnenländern wie Bolivien und der Mongolei weniger als zwei Kilogramm sind. Weltweit hat Eiweiß aus Fischen einen Anteil von zirka 15 Prozent an der Versorgung mit tierischem Protein, für mehr als eine Milliarde Menschen ist Fisch die wichtigste Proteinquelle. Vor allem in Entwicklungsländern sind viele Menschen auf Fisch als günstige Proteinquelle angewiesen, und die Bedeutung von Fisch für die Versorgung der lokalen Bevölkerung ist in diesen Ländern vermutlich noch viel höher, doch Zahlen für nicht kommerziell gehandelte Fischereiprodukte fehlen meist.

In unseren Ländern steht beim Schlagwort «Fisch als Nahrungsmittel» eher der Gedanke an die gesunden Omega-3-Fettsäuren an erster Stelle. Darüber hinaus sind Fische Quellen von Mikronährstoffen, die in anderen Lebensmitteln selten sind, wie die Vitamine A, B und D, Kalzium, Magnesium, Phosphor, Eisen, Kupfer, Selen und Jod. Besonders die letzten beiden sind in Meeresfisch gut vertreten. Einer Theorie zufolge hätte sich das Gehirn des modernen Menschen ohne die Aufnahme der langkettigen, mehrfach ungesättigten Fettsäuren und mancher Spurenelemente, wie Jod, gar nicht bis zum heutigen Stand entwickeln können. Kohlenhydrate spielen als Bestandteile im Fisch eine untergeordnete Rolle, sie machen weniger als fünf Prozent des Gewichts aus.

Anders als bei den Säugetieren sind im Fett der Fische bis zu 40 Prozent mehrfach ungesättigte Fettsäuren enthalten. Deren Schmelzpunkt liegt bei minus 50 Grad Celsius, sie bleiben also auch bei sehr niedrigen Temperaturen flüssig – eine wichtige Voraussetzung für wechselwarme Tiere in Lebensräumen hoher Breitengrade. Synthetisiert werden diese Fettsäuren von Algen im Süß- sowie Salzwasser. Sie reichern sich selektiv über die Nahrungskette an und sind besonders häufig in Arten enthalten, die weit oben in der Nahrungskette stehen (zum Beispiel Raubfische). Die für die Aufnahme von mehrfach ungesättigten Fettsäuren mengenmäßig wichtigsten Nahrungstiere der Fische sind Ruderfußkrebse (Copepoda).

Um welche Art von Substanzen handelt es sich nun genau, und wofür werden sie im Körper des Menschen benötigt? Je nach Lokalisation der Doppelbindung unterscheidet man bei den mehrfach ungesättigten Fettsäuren Omega-3-Fettsäuren (ω-3-FS) und Omega-6-Fettsäuren. Bei Omega-3-Fettsäuren liegt die erste Doppelbindung am dritten Kohlenstoffatom (vom Methylende her gesehen), bei Omega-6-Fettsäuren entsprechend am sechsten Kohlenstoffatom. Der Mensch kann Fettsäuren wie Linolsäure (18:2ω6; eine Omega-6-Fettsäure) und Linolensäure (18:3ω3) aus der Nahrung, vorwiegend aus Pflanzenölen, aufnehmen und zu längerkettigen, essenziellen Fettsäuren wie Eicosapentaensäure (EPA; 20:5ω3) und dem Folgeprodukt Docosahexaensäure (DHA; 22:6ω3) sowie anderen physiologisch bedeutsamen Fettsäuren aufbauen. Die Umwandlung pflanzlicher Fettsäuren ist allerdings nur zu einem geringen Prozentsatz möglich, eine Zufuhr der längerkettigen Fettsäuren mit der Nahrung, zum Beispiel Fisch, wird deshalb angeraten. Von den gängigen Nahrungsmitteln liefern vor allem Kaltwasserfische größere Mengen an der essenziellen längerkettigen Omega-3-Fettsäure EPA und ihrem Folgeprodukt DHA.

Interessanterweise enthalten die verschiedenen Teile des Fisches unterschiedliche Mengen dieser begehrten Fette: Im Rückenfilet einer Makrele werden wenige Prozent eingelagert, während es im Bauchbereich 20 Prozent sind. Die reichste Quelle für DHA (30 bis 40 Prozent) stellt das Fett in den Augen und im Gehirn von Fischen dar. Bekanntermaßen sind Fische ja auch unterschiedlich

Fischkonsum in den Ländern der Welt

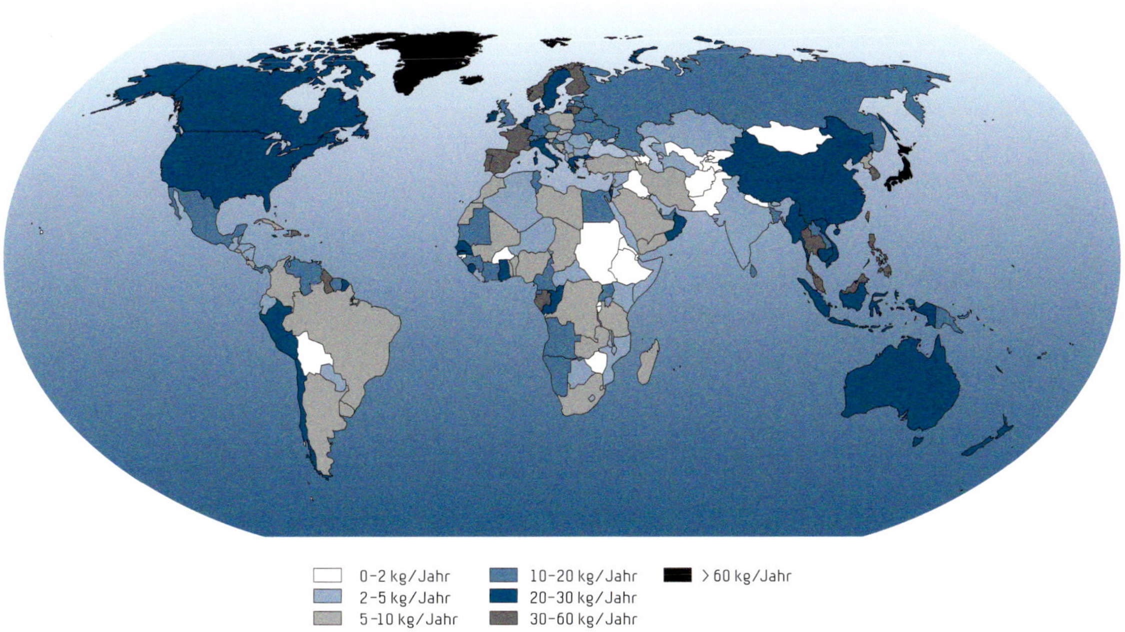

(Quelle: FAO 2009, Fig. 41)

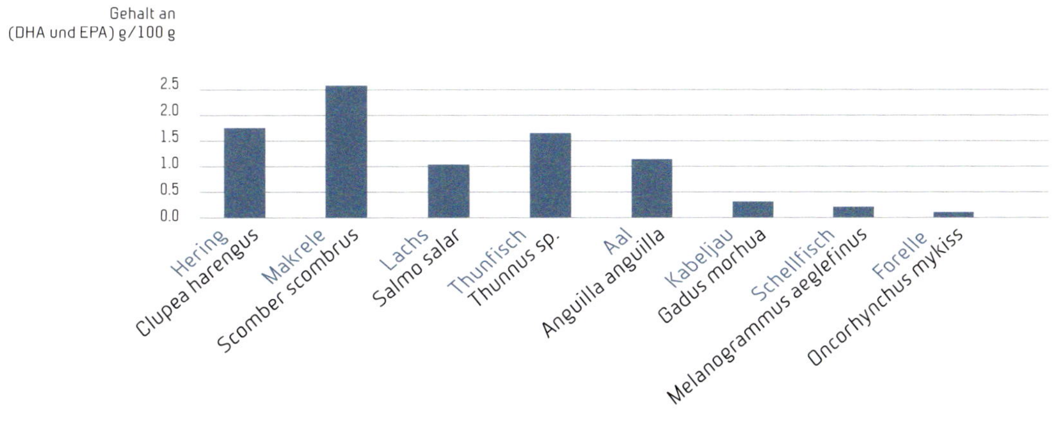

Gehalt an ungesättigen Fettsäuren in verschiedenen Fischen (kombiniert nach verschiedenen Quellen)

Lebertran

Einigen von uns noch aus der Kindheit bekannt, liefert Lebertran neben beträchtlichen Mengen an Fettsäuren auch Jod, Phosphor, Vitamin E und besonders hohe Mengen an Vitamin A und D. Letzteres beugt Rhachitis vor und wird vor allem Kindern verabreicht, um einen gesunden Knochenaufbau zu sichern. Lebertran, ein hellgelbes Öl, wird aus der Leber von Kabeljau, Schellfisch *Melanogrammus aeglefinus* oder Haien gewonnen. Da die Zusammensetzung sehr stark schwankt und gerade die Leber das Organ ist, in dem sich viele Schadstoffe konzentrieren, wird Lebertran heute nicht mehr so häufig eingesetzt. Vitamin D wird zum größten Teil in der Haut unter Einstrahlung von Sonnenlicht gebildet, was in unseren Breiten außer im Winter ausreicht.

2

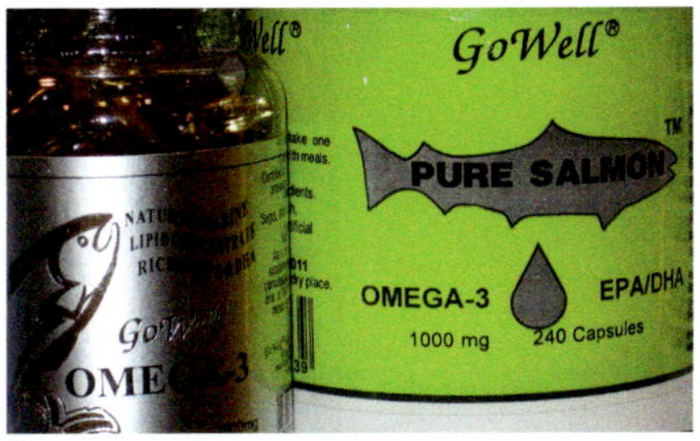

3

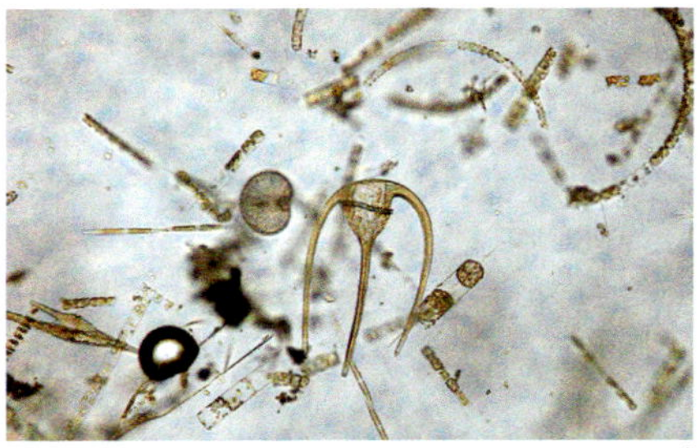
4

5

fett, der Fettgehalt variiert zwischen 0,2 und 25 Prozent, wobei die bodenbewohnenden Arten eher mager, die pelagischen eher fett sind. Dann sind die Konzentrationen und Proportionen verschiedener Fettsäuren von der Art, dem Geschlecht, Alter, Jahreszeit, Umwelt – und natürlich dem Futter und damit dem Aufenthaltsort – abhängig.

Wofür genau werden diese Fettsäuren im menschlichen Körper gebraucht, und wie ist der Stand der medizinischen Forschung bezüglich ihrer positiven Wirkungen? Mehrfach ungesättigte Fettsäuren sind integrale Membranbestandteile jeder Zelle und sorgen für die Verformbarkeit der Zellmembran, die Regulation des Transfers von Stoffen durch die Zellmembran, und sie beeinflussen schließlich das Hormon- und Immunsystem. Besonders die normale Entwicklung des Fetus und des Kindes, vor allem seines Gehirns und Sehvermögens, ist von der ausreichenden Zufuhr dieser Omega-3-Fettsäuren abhängig. Diese Fettsäuren beeinflussen schon in sehr geringen Konzentrationen zahlreiche physiologische Funktionen wie die Regulation des Gefäßtonus, Entzündungsreaktionen, Blutgerinnung, sie senken den Triglyceridspiegel im Blut und wirken gegen Verkalkungen der Arteriengefäße. Auch Depressionen, Altersdemenz, multiple Sklerose, bestimmte Hauterkrankungen und Asthma scheinen durch Omega-3-Fettsäuren positiv beeinflusst zu werden. Unbestritten sind die positive Wirkung in der Prävention von Herz-Kreislauf-Erkrankungen und die Senkung der kardiovaskulär bedingten Sterblichkeitsrate. Vor dem Hintergrund, dass Herz-Kreislauf-Erkrankungen und Depressionen in den Industrieländern für 23 Prozent aller Erwerbsunfähigkeiten verantwortlich zeichnen, sind diese Zusammenhänge beachtlich.

Wie viel Omega-3-Fettsäuren braucht der Mensch täglich? Die Ernährungsempfehlungen für Erwachsene variieren genauso stark wie die Angaben zu den in verschiedenen Fischarten enthaltenen Mengen. In Europa werden etwa 500 Milligramm Omega-3-Fettsäuren (EPA + DHA) pro Tag genannt, ein bis zwei Fischgerichte pro Woche werden entsprechend angeraten. Wundermittel jedoch sind auch die Omega-3-Fettsäuen nicht: Bei genauerer Betrachtung zeigt sich, dass nicht alle Studienergebnisse einer Prüfung standhalten oder manche der beobachteten Effekte minimal sind. An der Entstehung und dem Ausmaß vieler verschiedener Erkrankungen sind zudem stets mehrere Risikofaktoren beteiligt. Omega-3-Fettsäuren sind also nur ein Faktor unter mehreren, die helfen können, das Risiko koronarer Herzkrankheiten zu senken.

Problematisch wird es bei einer Gesamtsicht: Wenn schon heute gefordert wird, mehr Fischgerichte auf den Tisch zu bringen, so stellt sich die Frage, ob bei den oben zusammengefassten Empfehlungen die ökologischen und sozioökonomischen Folgen bedacht wurden. Gibt es alternative Quellen dieser hochwertigen Omega-3-Fettsäuren? DHA und EPA werden von einzelligen Algen gebildet (vor allem von Kieselalgen und Cryptophyta), und ein Mikroalgenöl mit hohem DHA-Gehalt ist als Nahrungszusatz auf dem Markt. Auch Bestrebungen, diese Fettsäuren biotechnologisch herzustellen, sind im Gange. Sowohl die Zufuhr von Fischölen in Form von Kapseln als auch die Anreicherung von Lebensmitteln wie Brot, Eiern, Streichfetten und Getränken mit Omega-3-Fettsäuren basiert derzeit noch auf Fischölen natürlichen Ursprungs, und ist damit, ökologisch gesehen und für Vegetarier, im Moment noch keine Lösung. Wie sieht es mit natürlichen Alternativen aus? Wie wir heute wissen, kommen diese essenziellen Fettsäuren in ähnlicher Weise auch in den Organismen des Süßwassers vor, sowohl in Wirbellosen als auch in Fischen. Ein bisschen unkonventionell, aber durchaus bedenkenswert: Flohkrebse (Amphipoda) können in vielen Seen extrem hohe Dichten erreichen, von mehr als 50 000 Individuen pro Quadratmeter Seenoberfläche wurde berichtet. Diese Tiere könnten möglicherweise als Nahrung in der Aquakultur und Nutztierhaltung eingesetzt werden.

2 Der Egli *Perca fluviatilis,* ein wertvoller und begehrter Süßwasserspeisefisch, in seinem natürlichen Lebensraum.

3 Die begehrten Fettsäuren werden konzentriert und in Kapselform angeboten.

4 Phytoplankton ist Produzent von Omega-3-Fettsäuren. Hier Dinoflagellaten und Kieselalgen aus einer Frühjahrsprobe vor Banyuls-sur-Mer, Frankreich, geschöpft mit einem Netz von 0,04 mm Maschenweite.

5 Ruderfußkrebse (Copepoda) ernähren sich von Phytoplankton und stellen eine bedeutende Nahrungsquelle für Fische dar.

Stinkt Fisch wirklich?

Der typische Fischgeruch stößt zahlreiche Menschen ab. Frischer Fisch ist aber praktisch geruchlos, erst bei der mikrobiellen Zersetzung des Fischfleischs entsteht das charakteristisch riechende Trimethylamin (TMA). Das Ausgangsmolekül Trimethylamin-Oxid (TMAO) dieses Umwandlungsprozesses ist geruchlos und nur in marinen Arten in nennenswerten Konzentrationen enthalten. Ihnen dient es als Osmolyt, es erhöht also den osmotischen Druck in der Zelle, damit die Zelle in einer Umgebung von Meerwasser mit vielen Salzen nicht pures Wasser in die Umgebung verliert. In Haien und Rochen ist es dafür besonders wichtig. Bei Fischen, die in großen Tiefen leben, hilft es vielleicht auch, dem hydrostatischen Druck entgegenzuwirken.

Der Gehalt an Trimethylamin wird bei Meeresfischen – unter anderem – als Kriterium für den Frischegrad herangezogen, in verschiedenen Ländern sind Höchstmengen festgesetzt. Aber Fischgeruch ist nur eine Vorstufe der Ungenießbarkeit. Die FAO schätzt, dass jährlich zehn bis zwölf Millionen Tonnen Fisch verderben, da sie nicht angemessen verarbeitet oder gelagert werden.

Wie wird Fisch am besten aufbewahrt, damit seine Qualität möglichst lange erhalten bleibt? Die einfachste und seit Tausenden von Jahren praktizierte Technik ist es, die Tiere im Wasser am Leben zu erhalten. Daraus entstanden die ersten Teichhaltungen, nicht nur in China, auch im Alten Rom und in den Klöstern unserer Breitengrade, wo Fisch als Fastenspeise erlaubt war. Daneben werden seit Langem Salzen, Säuern, Trocknen und Räuchern praktiziert. Zwischenzeitlich sind neue Konservierungsverfahren dazu gekommen, wie Kühlen und Gefrieren, Bestrahlung mit γ-Strahlen und Erhitzen, Verpackung in Dosen oder Vakuumieren. Bei knapp der Hälfte des Fisches, der auf den Markt kommt, handelt es sich um Frischfisch, danach folgt gefrorener Fisch. Beim professionellen Tiefgefrieren wird das Produkt von einer gefrorenen Wasserschicht umgeben («glasiert») und dann bei –22 bis –28 Grad Celsius gelagert. Unter optimalen Bedingungen kann die gesetzlich vorgeschriebene Höchstlagerdauer von 18 bis 24 Monaten so ohne geschmackliche Einbußen erreicht werden.

6 Pangasius ist in den Aquakulturen von Vietnam und Thailand verbreitet. Bereits nach acht Monaten erreicht er Schlachtreife. Sein Fleisch ist weiß, fett-, cholesterin- und grätenarm und mild im Geschmack.

7

Wie kommt ein Fischhändler zur Nachhaltigkeit?

(Toby Herrlich)

... bald merkte ich im Einkauf von Süßwasserfischen aus osteuropäischen Provenienzen (Estland, Polen, Russland), dass nicht immer die gewünschten Mengen zu haben waren und die angebotenen Größen immer kleiner wurden. Die Ursache dieser Entwicklung war – nach gewissen Recherchen – offenbar die Überfischung beziehungsweise das nicht nachhaltige Bewirtschaften von Fischressourcen. Ich war erstaunt, dass sich die Überfischung nicht nur in den Weltmeeren bemerkbar machte, nein auch in den Binnengewässern diverser Länder.

Da ich im Fischimport und -handel meine Berufung sehe und diesen Beruf auch in Zukunft ausüben möchte, habe ich mich gefragt, was ICH tun kann, um diese Überfischung zu reduzieren und das Angebot an Fisch- und Seafoodprodukten auch für die Zukunft aufrechtzuerhalten. Dies waren die Grundlagen und Denkansätze, die im Jahre 2008 zur Geburt des Labels fish4future® führten. Es ist das erste Label in der Schweizer Gastronomie, das nachweislich nachhaltigen Fisch vom Produzenten bis zum Konsumenten im Restaurant auszeichnet und somit garantiert, dass es auch in Zukunft diese Fische geben wird.

Gewässerverschmutzung – was landet im Fischfilet?

So gesund Fisch auch sein mag, Meldungen über zu hohe Schadstoffgehalte, Antibiotika oder Quecksilber im Fisch erscheinen immer wieder in den Medien und verunsichern die Verbraucher. Was ist dran an diesen Meldungen, und welche Aspekte wiegen nun schwerer? Was die Belastung mit menschengemachten Schadstoffen anbetrifft, liegen die bislang umfangreichsten Studien für Lachse vor. Geben Sie dem Lachs aus der Aquakultur oder dem Wildfang den Vorzug? Vielleicht neigen Sie in Anbetracht der Umweltverschmutzung dazu, lieber den Zuchtlachs zu nehmen, schließlich wachsen Fische dort ja unter kontrollierten Bedingungen heran? Es zeigte sich jedoch, dass in den meisten Fällen die Lachse und auch andere Fische aus der Aquakultur die signifikant höheren Belastungen aufweisen; für die polyzyklischen aromatischen Kohlenwasserstoffe, Dioxine, Organophosphate, PCBs und Flammschutzmittel PBDEs waren die Konzentrationen in den kultivierten Fischen höher als in ihren frei lebenden Verwandten. In Zuchtlachs lagen die durchschnittlichen Werte von PCB bei rund 40 Nanogramm pro Gramm Frischgewicht, bei frei lebenden Lachsen etwa bei einem Zehntel davon. Die bisher durchgeführten Studien zeigen eine annähernd gleiche Quecksilberbelastung bei Zucht- und Freilandlachsen. Nun, woher stammen diese Substanzen? Das Fischfutter ist für den größten Teil der Belastung verantwortlich, und die Verschmutzungsquellen in der Umgebung liefern den Rest. Antibiotika wurden ausschließlich in Fischen aus der Aquakultur nachgewiesen, sie werden als besonders kritisch angesehen, da sie Resistenzen hervorrufen können.

Überwiegen nun die positiven oder die negativen Wirkungen des Fischkonsums? Obwohl noch zahlreiche Fragen offen sind, so auch zu möglichen Wechselwirkungen oder sich gegenseitig verstärkenden Effekten beim Vorhandensein mehrerer Schadstoffe, werden die Vorteile der Fischmahlzeit als höher eingeschätzt. Vorsicht wird für Kinder und für Frauen im gebärfähigen Alter und beim Konsum bestimmter, hoch belasteter Fischarten wie Aal, Hai, Schwertfisch und anderen langlebigen räuberischen Fischen angeraten. Da die Schadstoffgehalte in den Innereien und der Haut meist besonders hoch sind, ist der Verzicht auf den Genuss dieser Körperteile sicher keine schlechte Idee. Fisch aus nachhaltig betriebener Aquakultur, aus noch gesunden Beständen sowie aus wenig belasteten Meeresregionen, Flüssen und Seen ist das, was bei der Verfasserin und ihrer Familie regelmäßig auf den Tisch kommt. Verschiedene interaktive Webseiten und Einkaufsführer können bei der Auswahl helfen.

Wie hängt Organspenden mit Fischkonsum zusammen?
(Andrea Hajmer)

Wussten Sie, dass man in Frankreich von Geburt an Organspender ist? Aus diesem System austreten wäre möglich, doch nur knapp 0,1 Prozent der Franzosen tut dies. Anders in der Schweiz, wo man sich aktiv um einen Spenderausweis bemühen muss, was in Anbetracht des akuten Organspendermangels wohl die wenigsten tun – eine Passivität, die viele Leben kostet.

Die Psychologie nennt dies den «Default-Effekt»: Personen bleiben tendenziell bei der Grundeinstellung. Auch die Fischwelt kann punkto Nachhaltigkeit von diesem psychologischen Effekt profitieren. In einer Fragebogenstudie bat man Gäste in verschiedenen Restaurants, zwischen zwei Fischmenüs zu wählen – zwischen einem günstigen Fisch aus konventionellem Fang und dem teureren, nachhaltig gefangenen Fisch. Wurde das günstige Menü als *Default* (Grundeinstellung) gesetzt, wählte bereits die Mehrheit der Gäste das nachhaltige Menü. Wurde jedoch die nachhaltige Variante als Default angeboten, war der Effekt wesentlich deutlicher. Insbesondere Gäste ohne stark ausgeprägtes Umweltinteresse ließen sich trotz des Preisunterschieds von dem Default mitreißen.

Wie bei Organspenden findet man auch bezüglich Umweltthemen, dass Personen zwar eine positive Einstellung zur Sache haben, diese sich aber nur selten in ihrem Verhalten und ihren Handlungen widerspiegelt. Psychologische Techniken, wie den «richtigen» Default zu setzen, können helfen, Einstellung und Verhalten in dieselbe Richtung zu lenken.

7 Frisch gefangene Bonitos *Katsuwonus pelamis.*

Und wenn der Fisch Bauchweh verursacht?

Schlagzeilen macht in unseren Breiten immer mal wieder *Anisakis*, ein Vertreter der Rundwürmer (Nematoden). Die Larven dieser und verwandter Gattungen besiedeln zum Beispiel die Leibeshöhle und den Magen-Darmtrakt von Heringen und 200 weiteren Fischarten. Im Menschen entwickeln sich die Würmer nicht bis zur Geschlechtsreife, die eigentlichen Endwirte sind Wale und Robben. Dennoch können diese Parasiten auch beim Menschen Darmverstimmungen bewirken. In Ländern wie Frankreich, den Niederlanden und Spanien, in denen viel roher Fisch gegessen wird, sind gelegentlich Krankheitsfälle zu verzeichnen. Die gesetzlichen Richtlinien in der EU schreiben ausreichendes Erhitzen, Tiefgefrieren, Salzen oder Räuchern des Fisches zur Abtötung der Nematoden-Larven vor. Gesundheitlich problematischer sind Infektionen mit dem bis 15 Meter langen Fischbandwurm oder dem chinesischen Leberegel, mit dem weltweit 20 Millionen Menschen infiziert sind. Bei uns spielen diese in Süßwasserfischen auftretende Parasiten aber keine Rolle.

Auch als Auslöser von Allergien sind Fische bekannt. Schon kleinste Mengen hitzestabiler Eiweiße im Fisch (weniger als drei Milligramm Protein) können Probleme wie Atembeschwerden, Ausschläge oder Magen-Darm-Verstimmungen verursachen. Allerdings enthält Fisch auch viel Histamin, das allergen wirkt, insbesondere, wenn es nach einer großen Fischmahlzeit nicht vollständig verdaut werden kann. Neben Fischproteinen aus Muskeln, Haut oder Eiern sind mehr als ein Drittel der allergischen Reaktionen auf Eiweiße von *Anisakis* zurückzuführen. Zudem verursachen Meeresfische viel häufiger Allergien als Süßwasserfische. Im Unterschied zu manch anderer Allergie bleiben sie meist ein Leben lang bestehen. Da die Betroffenen auch Fischprodukte meiden müssen, wie sie in Nahrungszusatzstoffen, Gelatine oder in mit Fischmehl gefütterten Nutztieren enthalten sind, besteht seit einigen Jahren eine Kennzeichnungspflicht.

Die häufigste Fischvergiftung ist als Ciguatera bekannt. Verursacht wird sie durch Ciguatoxin und verwandte Verbindungen, die zu den stärksten bekannten Giften überhaupt gehören. Das hitzestabile Gift wird von Dinoflagellaten synthetisiert und gelangt über die Nahrungskette in den Fisch. 400 verschiedene Fischarten sind als ciguatoxisch bekannt, besonders häufig wird das Gift bei Barrakudas, Papageienfischen und Muränen gefunden. Bauchschmerzen, Übelkeit, Erbrechen, einhergehend mit Muskelschmerzen und später typischerweise der Umkehrung des Kalt-Warm-Empfindens sind Symptome, die diese Fischvergiftung kennzeichnen.

8 Der Netzkugelfisch *Arothron reticularis* gehört zu den Vierzahnfischen, die das Gift Tetrodotoxin enthalten, das beim Genuss Prickeln hervorrufen soll.

Fugu: Russisches Fisch-Roulette?

Prickelnd auf der Zunge – so soll die Leber («kimo») von Kugel- und Igelfischen (Tetraodontidae = Vierzahnfische), in der Gastronomie als Fugu bekannt, schmecken. Dafür verantwortlich ist ein Gift, Tetrodotoxin (TTX). Es wird von Bakterien produziert und reichert sich über die Nahrungskette in den Fischen an, dort besonders in Leber und Ovar. Den Tieren dient es wohl zur Verteidigung: Bei Bedrohung geben sie es über die Haut ab. TTX ist eines der stärksten bekannten Gifte aus dem Tierreich, es ist ein Nervengift, das die Natrium-Kanäle blockiert und zur Lähmung des Körpers führt. Die Opfer sterben dann an Atem- und Herzstillstand. Da bei übermäßigem Genuss von Fugu Todesfälle auftreten, gibt es in Japan immer wieder Verbote für Handel und Gastronomie, und die Zubereitung ist nur lizenzierten Köchen erlaubt. In den Restaurants werden mittlerweile fast ausschließlich gezüchtete Kugelfische ohne TTX angeboten.

8

«Veredlung» von Fisch – sinnvolle «Abfall»verwertung?

Seit dem 19. Jahrhundert wird Fisch, der sich nicht direkt für den menschlichen Konsum eignet, anderweitig eingesetzt. Dabei handelt es sich entweder um Jungfische von essbaren Arten oder solche Fischarten, die streng schmecken, eher klein und grätenreich sind oder sich aus anderen Gründen für den menschlichen Verzehr nicht anbieten. Heute sind das jährlich 33 Millionen Tonnen Fisch. Fischabfälle werden in Gerbereien, zur Seifenherstellung oder in anderen Industrien gebraucht. Aus Abfallfisch gewonnenes Fischmehl und Fischöl wird im großen Maßstab für die Nutztierfütterung eingesetzt, in erster Linie in der Geflügel- und Schweinehaltung. Dabei liefern drei Kilogramm essbarer Fisch etwa ein Kilogramm essbares Schweine- oder Geflügelfleisch. Sehr groß ist auch der Einsatz in der sich rasch entwickelnden Aquakultur, da Fische hochwertige Eiweiß- und Fettnahrung (vor allem langkettige, mehrfach ungesättigte Fettsäuren) brauchen (vgl. Kap. 6).

Daneben werden aus Fischen und Fischabfällen zahlreiche biomedizinische Produkte und bioaktive Moleküle gewonnen. So werden Haut, Knochen und Flossen zunehmend in der Industrie eingesetzt (vgl. Kap 1). Seit der BSE-Problematik wird Gelatine aus Fischhaut als eine Alternative für Gelatine aus Rinderknochen eingesetzt, schätzungsweise 2500 Tonnen Gelatine werden jährlich aus Fischhaut produziert. Ebenso hat Kollagen aus Fischen Vorteile gegenüber den aus Säugern gewonnenen Fasern.

9

9 Fische und Meeresfrüchte zu Pasten und Sossen verarbeitet auf dem Markt in Cebu, Philippinen.

10 Zander *Sander lucioperca* – für das vorgeschlagene Rezept.

Zander for 4 im Currybett *(Arthur Eikel)*

Zutaten: 500 g Zanderfilet mit Haut; Olivenöl; 1 Thymianzweig; 1 Knoblauchzehe halbiert.

Curryemulsion: ½ Chilischote, 1 Fenchelsamen, 1 Knoblauchzehe, 1 TL Meersalz, 1 TL Currypulver mild, 50 ml Fischfond, Olivenöl, vollreife Mango, Zitronensaft, 1 EL Crème fraîche

Für den grünen Spargel: 250 g grüner Spargel, etwas Butter, 1 EL gehackte Cashewnüsse, Meersalz, Pfeffer

Für die Kartoffeln: 250 g neue Kartoffeln, etwas Kümmel, Olivenöl, 1 Rosmarinzweig

Zubereitung

Zander in vier gleich große Stücke portionieren, die Hautseite mit zwei bis drei Schnitten einschneiden, Olivenöl erhitzen. Die Zanderfilets auf der Hautseite anbraten Knoblauch und Thymianzweig beigeben, umdrehen, wenn die Hautseite schön kross ist, beiseite stellen.

Curryemulsion (am besten zuerst herstellen): Olivenöl erwärmen, Chilischote, Fenchelsamen, Knoblauch andünsten, mit Currypulver bestäuben. Mit Fischfond auffüllen, auf die Hälfte einkochen, mit Salz und Zitronensaft abschmecken. Mit Mangostücken aufmixen und mit Crème fraîche verfeinern, evtl. nochmals etwas einkochen oder mit Maisstärke abbinden.

Spargeln: Den grünen Spargel kurz im Salzwasser kochen, dann im Eiswasser abschrecken (Farbe). Die Butter zergehen lassen, die gehackten Cashewnüsse darin anrösten, den grünen Spargel beigeben und erwärmen, evtl. etwas Spargelwasser vom Kochvorgang beigeben. Abschmecken mit Meersalz und weißem Pfeffer aus der Mühle.

Kartoffeln: Neue Kartoffeln waschen, dann in Salzwasser mit etwas Kümmel garen. Im Olivenöl abraten, am Schluss noch den Rosmarin beigeben, mit Meersalz abschmecken.

1

Bioindikation und Ökotoxikologie

8

Ausgangspunkt: Chemische Umweltverschmutzung

1 Vorhergehende Doppelseite: Bachforellen sind häufig eingesetzte Bioindikatoren.
2 Der Verkehr ist mitverantwortlich für die Gewässerverschmutzung: eine Fähre bei Manaus, Brasilien.
3 Fische machen als Symbole auf die Gefahr der Verschmutzung bei Einleitungen von Straßenabwässern aufmerksam (Sausolito).

Umweltverschmutzung ist allgegenwärtig: Jährlich werden mehr als 300 Millionen Tonnen an Chemikalien produziert. Letztlich gelangt zumindest ein Teil dieser Stoffe in die Umwelt, je nach Flüchtigkeit in die Luft oder in die Gewässer. Als «Schadstoffe» werden Substanzen bezeichnet, die nachgewiesenermaßen einen Schaden hervorrufen. Neutraler sind Begriffe wie Umweltchemikalien oder Xenobiotika (*xenos* fremd; *bios* das Leben) für Substanzen, die Organismen beeinflussen können.

Bevor wir uns den Effekten in Fischen zuwenden, bleiben wir zunächst bei den Chemikalien als solchen: 18 Millionen verschiedene Stoffe werden chemisch hergestellt, davon sind in der EU 100 000 Altstoffe (vor 1981 gemeldet) und 2700 Neustoffe (nach 1981) in Registern erfasst. Weltweit sind 600 Pestizide in Gebrauch, 3300 Stoffe werden als Arzneimittel in der Humanmedizin eingesetzt, und 8700 Nahrungsmittelzusatzstoffe sind bekannt. Etwa 100 000 Stoffe gelangen in nennenswerten Mengen in unsere Umwelt. Allein im Rhein werden mehr als 100 Stoffe regelmäßig gemessen. Diese Substanzen stammen im Wesentlichen aus vier Anwendungsbereichen: Siedlungen und Haushalte; Industrie; Landwirtschaft und flächendeckende Nutzungen (zum Beispiel Verkehr, Dachabwässer). Der Eintrag ins Gewässer kann über Punktquellen erfolgen wie beispielsweise Kläranlagen, über die vor allem Chemikalien aus Siedlungen und Industrieanlagen in die Gewässer gelangen, oder diffus, wie Einträge aus der Luft oder als Oberflächenabschwemmungen von Straßen und landwirtschaftlichen Nutzflächen.

Um welche Chemikalien geht es in diesem Zusammenhang? Einerseits handelt es sich um natürliche Stoffe, die im Übermaß vorkommen, wie zum Beispiel Pflanzennährstoffe (Stickstoffverbindungen und Phosphate), die aus Siedlungen und Landwirtschaft stammen (vgl. Eutrophierung, Kap. 4). Nitrit wirkt in hohen Konzentrationen, wie sie unterhalb von Kläranlageneinleitungen auftreten können, giftig auf den Nachwuchs der Fische. Andererseits haben wir es besonders in Industrieländern mit zahlreichen synthetischen Chemikalien zu tun, zum Beispiel bestimmten Waschmittelinhaltsstoffen, Substanzen aus Körperpflegeprodukten, Pharmazeutika, Bioziden, natürlichen und synthetischen Hormonen sowie hormonaktiven Stoffen, Korrosionsinhibitoren und zahlreichen anderen Chemikalien. Sie gelangen zwar meist nur in geringen Mengen in Gewässer, werden jedoch als problematisch eingeschätzt, da sie biologisch schlecht abbaubar (persistent) sind, sich in den Lebewesen anreichern können und oft toxisch wirken. Viele dieser Substanzen sind nachgewiesenermaßen krebserzeugend, mutagen (Mutationen hervorrufend) oder embyrotoxisch. In der Umwelt unerwünscht sind auch Antibiotika, da eine chronische Exposition zur Entstehung und Ausbreitung von Resistenzen bei Bakterien führen kann. Über den geogenen Hintergrund-Gehalt hinausgehende Konzentrationen an Schwermetallen rufen ebenfalls nachteilige Effekte hervor.

Um nun festzustellen, ob und wodurch derartige Stoffe nachteilig wirken, bedienen wir uns der Ökotoxikologie. Diese Disziplin beschäftigt sich mit der Wirkung von Chemikalien auf Ökosysteme oder Teile davon, sie verknüpft und integriert Konzepte der Umweltchemie, Toxikologie und Ökologie. Ziel ist es, das Risiko von Chemikalien für die Umwelt einzuschätzen, die als nachteilig erachteten Substanzen in der Umwelt zu identifizieren, in ihrer Wirkung zu beurteilen und nach Möglichkeit zu eliminieren oder ihrem Auftreten vorzubeugen. Generell können wir einen prospektiven und einen retrospektiven Ansatz unterscheiden. Bei Letzterem wird nachträglich versucht, aus meist fragmentarischen Informationen über die in der Umwelt gefundenen Effekte die beteiligten Chemikalien zu identifizieren. Hier helfen uns Biomonitoring-Ansätze und die Untersuchung von Biomarkern. In der prospektiven Bewertung sollen möglichst zuverlässig Effekte

2

3

von Chemikalien abgeschätzt werden, um darauf aufbauend Richtlinien zu deren Gebrauch oder Grenzwerte für zulässige Umweltkonzentrationen festlegen zu können.

Wenden wir uns zunächst der Betrachtung der Umweltsituation zu: Die chemische Analytik kann die Menge und die Art von Substanzen in bestimmten Umweltkompartimenten feststellen. Neben der großen Zahl potenziell vorhandener Substanzen erschweren ihr räumlich und zeitlich inkonstantes Verteilungsmuster die detektivische Arbeit sehr. Es kann also passieren, dass die chemische Analytik für die ökologische Wirkung wichtige Chemikalien «übersieht». In Abhängigkeit von den physikalisch-chemischen Substanzeigenschaften (molekulare Struktur und Größe, Dampfdruck, Wasser- und Fettlöslichkeit), Verteilungskoeffizienten (Octanol/Wasser, Luft/Wasser/Sediment), den Eintragspfaden, den vorliegenden bio-geochemischen Bedingungen und den Wechselwirkungen mit anderen Stoffen unterliegen die Chemikalien in der Umwelt zudem zahlreichen Veränderungen. Sie können ab- oder umgebaut, von Organismen aufgenommen oder abgelagert werden. Stoffe, die sich in Sedimenten anreichern, können dort lange Zeit liegen. Sie werden mit großen Hochwässern wieder aufgeschwemmt, verfrachtet und für den Kreislauf erneut verfügbar. Das pure Vorhandensein von Chemikalien sagt uns aber noch nichts über deren Effekte auf die Organismen.

Interaktion zwischen Chemikalien und Fisch

Vermutlich führt jede Exposition mit einer Chemikalie, sofern diese vom Organismus aufgenommen wird, in irgendeiner Form zu einer Reaktion des Organismus. Erst wenn sie eine kritische Grenze erreicht, können sich Effekte so entwickeln, dass es zu einer funktionellen Störung oder einer pathologischen Organveränderung kommt, die die Leistungsfähigkeit des Organismus und seine Fähigkeit, auf zusätzliche Anforderungen zu reagieren, vermindern. Schon früh wurde erkannt, dass die toxische Wirkung sehr stark von den physikalisch-chemischen Stoffeigenschaften und natürlich von der Konzentration beziehungsweise der Dosis abhängig ist. Paracelsus führte mit «Allein die Dosis macht das Gift» das Konzept der Dosisabhängigkeit ein. In der Dosis-Wirkungs-Beziehung wird die Antwort auf die Exposition mit einer Chemikalie gegen die Dosis aufgetragen. Da die Toxizität von der Konzentration des Stoffes am Wirkort abhängig ist, entscheiden letztlich auch die Dauer der Exposition, die Aufnahme, Biotransformation und Ausscheidung über die Toxizität. Dabei unterscheiden wir akute, subakute und chronische Effekte. Akut toxische Wirkungen treten bereits innerhalb weniger Stunden auf. Meist sind das massive Effekte wie Tod oder auffällige Verhaltensänderungen (Flucht, nach Luft schnappen) und werden in unseren Ländern in der Regel durch Unfälle verursacht (Jauche-Einleitung, Leckagen). Sind Fische über längere Zeit schädlichen Substanzen ausgesetzt, kommt es zur Anreicherung und der Schadstoffstoffwechsel wird durch die Mengen überfordert. Es stellen sich subakut toxische Effekte ein. Das sind typischerweise Befunde wie Reizwirkungen, Entzündungen, neurotoxische oder hormonabhängige Effekte, (z.B. verlangsamte Reaktionen oder Verringerung der Fruchtbarkeit) oder beeinträchtigte Organfunktionen. Pestizide oder Dünger, die beispielsweise über eine Saison wirken, können derartige Effekte hervorrufen. Langfristige Folgen wie verringertes Wachstum, Störungen des Immunsystems oder des Fortpflanzungserfolgs zeigen sich, wenn Stoffe über viele Monate

4

4 Bachforelle *Salmo trutta fario.*

Weg der Chemikalien in und durch den Körper des Fisches

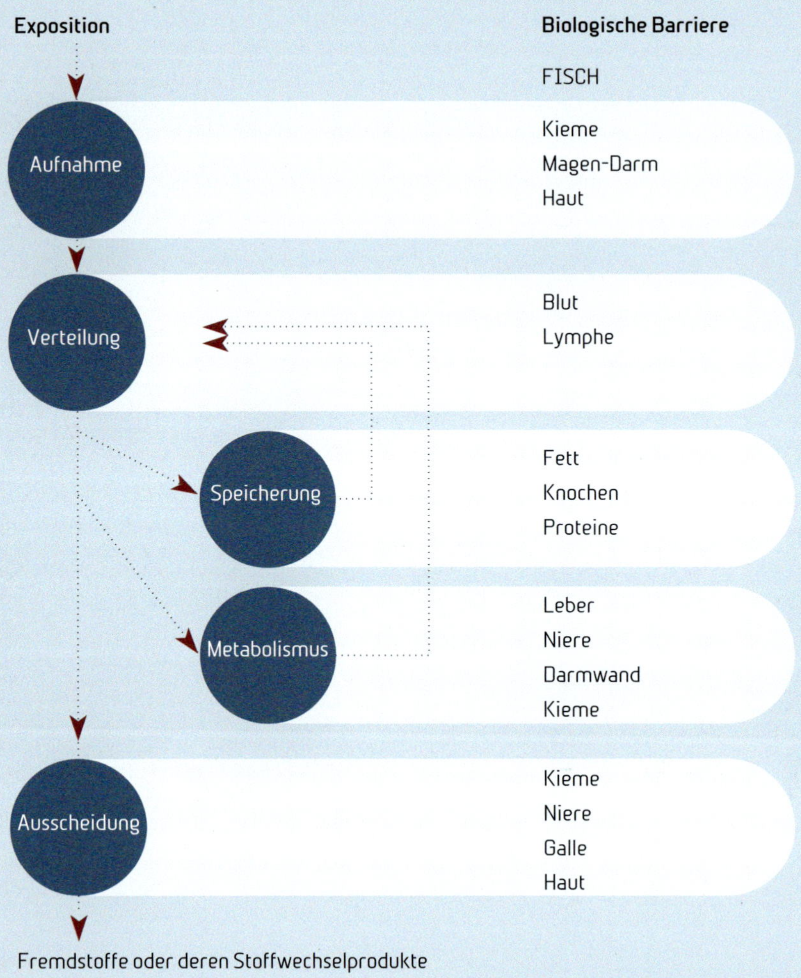

oder Jahre auf die Fische einwirken. Verursacher sind Substanzen, die kontinuierlich eingetragen werden, zum Beispiel aus Haushaltsabwässern oder betrieblichen Einleitungen, aus Deponien oder Sedimenten.

Darüber hinaus ist die Potenz der Stoffe sehr unterschiedlich. Je nach Wirkungsmechanismus, mit dem sie im Fisch angreifen, ist die für einen messbaren Effekt erforderliche Schwellenkonzentration verschieden. Untersuchungen an Hunderten von Stoffen haben gezeigt, dass bei den meisten Substanzen unterhalb einer Konzentration von einem Mikrogramm pro Liter bei Fischen keine toxischen Effekte auftreten. Eine solche Faustregel ermöglicht eine erste Prioritätensetzung bei der Risikoabschätzung von Umweltexpositionen. Ausnahmen sind jedoch Substanzen mit spezifischer Wirkung. Dazu gehören Chemikalien, die Mutationen auslösen, da hier bereits ein Molekül eine Mutation verursachen kann, oder Substanzen, die an Hormonrezeptoren angreifen.

Was passiert nun im Einzelnen, wenn Fisch und Chemikalie aufeinandertreffen? Voraussetzung für eine Wechselwirkung mit dem Organismus ist die Bioverfügbarkeit. Die Stoffe müssen in einer Form vorliegen, in der sie aufgenommen werden, und an einen Ort gelangen, an dem sie mit Teilen (Molekülen, Zellen usw.) des Fischs reagieren können. Prinzipiell können Substanzen über die Nahrung, über die Körperoberfläche oder mit der Atmung aufgenommen werden. Die Aufnahme erfolgt in zwei Stufen: schnelle Adsorption an die Oberflächen der Aufnahmeepithelien und Eindringen durch die Zellmembranen. Dazu müssen die Stoffe in gelöster Form als freie Moleküle vorliegen, ihre Aufnahme geschieht entweder passiv (Diffusion: lipophile und kleine, ungeladene Moleküle), aktiv (Ionentransport gegen den Konzentrationsgradienten, zum Beispiel Wasserstoffionen) über spezielle Kanäle (kleine, wasserlösliche Moleküle und Ionen, zum Beispiel Metallionen) oder als erleichterte Diffusion (gebunden an Träger: größere, hydrophile Moleküle, zum Beispiel

5

Glukose) sowie über kleine Vesikel, die in die Zelle eingeschleust werden (gebunden an Rezeptoren, zum Beispiel Proteine, Hormone). Unpolare, lipidlösliche Moleküle bis zu einer gewissen Größe können sehr leicht durch die Lipiddoppelschicht der Zellmembran diffundieren und sich in dem, gegenüber der Wasserphase, fetthaltigen Fisch anreichern. Diese Rolle der Lipophilie in Membrangängigkeit und Verteilungsgleichgewicht ist der biologisch entscheidende Grund, dass bestimmte Umweltchemikalien eine besonders große Gefahr für unsere Gesundheit darstellen. Das betrifft die lipidlöslichen, persistenten Substanzen, zu denen zum Beispiel auch Methylquecksilber, PCBs und DDT gehören.

Im Fisch werden die aufgenommenen Substanzen über das Blut im Körper verteilt, meist gebunden an Plasmaproteine, aber auch an spezifische Transportproteine. Wichtig ist stets der Konzentrationsunterschied zwischen dem Blut und dem Zielorgan. Es besteht immer ein Gleichgewicht zwischen freien und gebundenen Molekülen. Die freien Schadstoffmoleküle diffundieren entlang des Konzentrationsgradienten, bis ein neues Gleichgewicht erreicht ist. Wenn im Zielorgan die Konzentration der freien Moleküle verringert wird, indem diese zum Beispiel an körpereigene Proteine oder Fette gebunden werden, fließen ständig freie Moleküle nach, bis die Bindungsstellen aller Speicher besetzt sind und sich ein Gleichgewicht freier und gebundener Moleküle im Zielorgan eingestellt hat.

5 Bachforelle *Salmo trutta fario.*

Stoffe, die in einen Körper eintreten, werden umgewandelt, gespeichert oder direkt oder in veränderter Form wieder ausgeschieden. Der Prozess der Umwandlung wird als Biotransformation bezeichnet, die entstandenen Metabolite sind meist weniger giftig als die Ausgangssubstanz. Nur wasserlösliche Endprodukte können ausgeschieden werden, lipophile bleiben im Körper und reichern sich im Fettgewebe an (Bioakkumulation, siehe unten). Die Biotransformationskapazität ist von Art, Alter, Geschlecht der Organismen, aber natürlich auch von Art und Menge der Substanzen sowie von den herrschenden Umweltbedingungen (zum Beispiel Temperatur) abhängig. Die meisten Biotransformationsreaktionen verlaufen über zwei Phasen. In der ersten Phase werden die Substanzen durch Oxidation, Reduktion oder Hydrolyse umgebaut, um dann in der zweiten Phase über eine Konjugation an körpereigene Moleküle (zum Beispiel Glutathion) weiter wasserlöslich gemacht und dadurch für die Ausscheidung vorbereitet zu werden.

Immer wenn die Aufnahmerate in den Organismus höher ist als die Ausscheidungsrate, kommt es zur Speicherung. Sie ist abhängig von der Fischart, dem Organ und dem Fettgehalt. Ausschlaggebend sind dabei auch die chemisch-physikalischen Eigenschaften des Stoffs. Hydrophile Stoffe werden nicht angereichert, lipophile Stoffe werden meist bis zum Sättigungsgleichgewicht aufgenommen und im Fett gespeichert oder, je nach Außenkonzentration, wieder abgegeben. Oft verwendet man den Begriff Bioakkumulation als Überbegriff für die Anreicherung von Chemikalien im Organismus, unabhängig von der Art der Aufnahme. Als Biokonzentration wird die Anreicherung von Fremdstoffen durch direkte Aufnahme aus dem Wasser bezeichnet (also beispielsweise Eindringen der Substanzen durch die Kiemen oder Haut). Eine wichtige Größe ist der Biokonzentrationsfaktor (BCF). Er gibt das Verhältnis zwischen der Konzentration der Chemikalie im Organismus und der Konzentration der Chemikalie im umgebenden Medium an. In Experimenten stellt er sich als Gleichgewichtszustand zwischen Aufnahme und Elimination ein. Werden die Stoffe über die Nahrung aufgenommen, sprechen wir von Biomagnifikation. Davon abgegrenzt wird die ökologische Magnifikation, die Anreicherung entlang der Nahrungskette, von der niederen zur höheren trophischen Stufe. Generell nimmt die Bioakkumulation mit steigender Lipophilität der Substanz (bis zu einer bestimmten Molekülgröße) und dem Lipidgehalt des Organismus zu. Bei Fischen, deren Haut recht durchlässig ist, wird die Bioakkumulation vorwiegend über die Biokonzentration erreicht, eine wesentliche Anreicherung über die Nahrungskette spielt nur bei großen, sehr lipophilen Molekülen eine Rolle.

Die wichtigsten Organe für die Ausscheidung bei Fischen sind Leber, Niere, Kiemen und Haut. Der Ausscheidungsweg ist oft von der Substanz abhängig. Niedermolekulare Kohlenwasserstoffe werden bis zu 80 Prozent über die Kiemen abgegeben, hochmolekulare Kohlenwasserstoffe wie Benzapyren werden, wenn auch langsam, über die Leber und die Galle ausgeschieden. Die Niere ist das Ausscheidungsorgan für gut wasserlösliche, niedermolekulare Verbindungen und anorganische Verbindungen wie Nitrit, Nitrat, Schwermetalle usw. Kieme und Haut dienen beim Fisch der Ausscheidung fettlöslicher und niedermolekularer Substanzen.

Bioindikation, Biomonitoring und Biomarker

In der retrospektiven Betrachtung der Umweltsituation werden häufig Fische eingesetzt. Sie reagieren oft messbar oder sichtbar auf die Exposition mit einer Belastung durch Umweltchemikalien. Fische, die besonders sensitiv antworten und deren Biologie und Reaktionsmuster so weit erforscht sind, dass ihre Antworten gut interpretiert werden können, werden als sogenannte Bioindikatoren stellvertretend zur Beurteilung der Beeinträchtigung anderer Lebewesen im jeweiligen Ökosystem herangezogen. Die Abgrenzung zum Begriff des Biomonitoring variiert. Oft spricht man von Letzterem, wenn diese Bioindikatoren in der Umwelt zur Überwachung eingesetzt werden. Dabei unterscheiden wir das passive und das aktive Biomonitoring. Beim passiven Monitoring werden im Ökosystem vorhandene Arten regelmäßig überwacht und untersucht. Beim aktiven Biomonitoring werden die Fische gezielt in das zu untersuchende Ökosystem ausgesetzt und regelmäßig auf die vorher festgelegten Parameter untersucht. Solche Ansätze werden beispielsweise in Untersuchungen zur Umsetzung der europäischen Wasserrahmenrichtlinie eingesetzt, um letztlich dem Schutz der Gewässersysteme zu dienen und ihre nachhaltige Nutzung zu ermöglichen.

Um im Freiland die Exposition mit oder die Wirkung von Schadstoffen aufzudecken, können neben sensitiv reagierenden Arten – eben den Bioindikatoren – auch suborganismische Reaktionsparameter ein-

6 Aktives Biomonitoring: Nach drei Wochen Exposition werden die Bachforellen aus den Röhren geholt und untersucht.

7 Blutentnahme zur Untersuchung von Bachforellen aus dem aktiven Biomonitoring.

gesetzt werden. Diese werden als Biomarker (manchmal auch als Bioindikatoren) bezeichnet. Sie zeigen, dass der Fisch einer Belastung ausgesetzt war (Expositions-Biomarker) oder dass diese Belastung einen Effekt nach sich gezogen hat, der eine Beeinträchtigung der Gesundheit des Fisches mit sich bringt (Effekt-Biomarker). Biomarker können entsprechend ihren Eigenschaften charakterisiert werden:

- Wie schnell nach der Exposition sehen wir erstmals eine Reaktion?
- Wie spezifisch sind sie für bestimmte Substanzen oder Substanzklassen?
- Wie sensitiv sind sie? Reagieren sie schon bei geringen Konzentrationen?
- Wie ist ihre Relevanz für andere Mitglieder der Lebensgemeinschaft in diesem Ökosystem?

Dynamisches Gleichgewicht gebundener und freier Moleküle

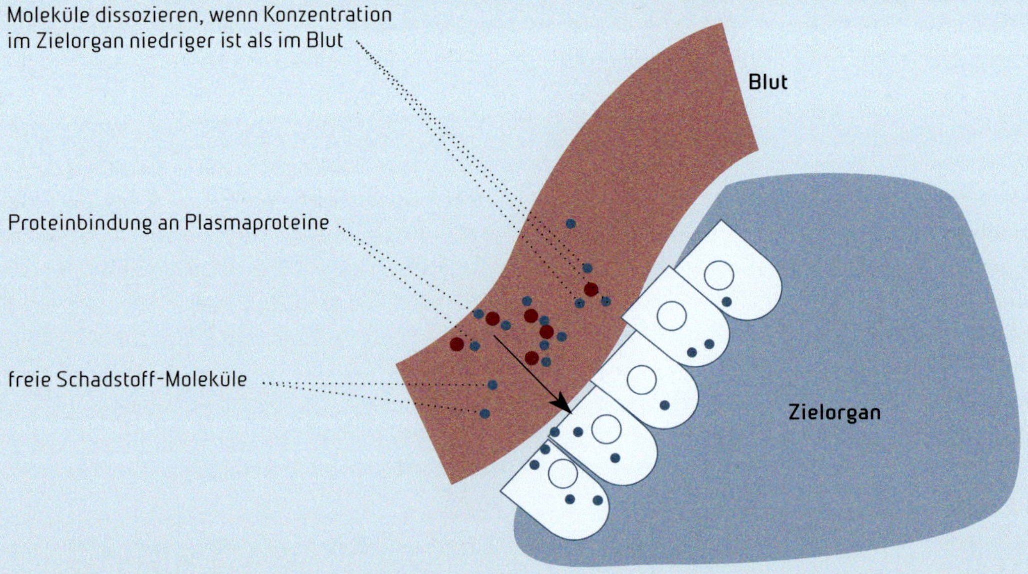

Für den Konzentrationsausgleich entscheidend ist nur die Menge ungebundener Moleküle.

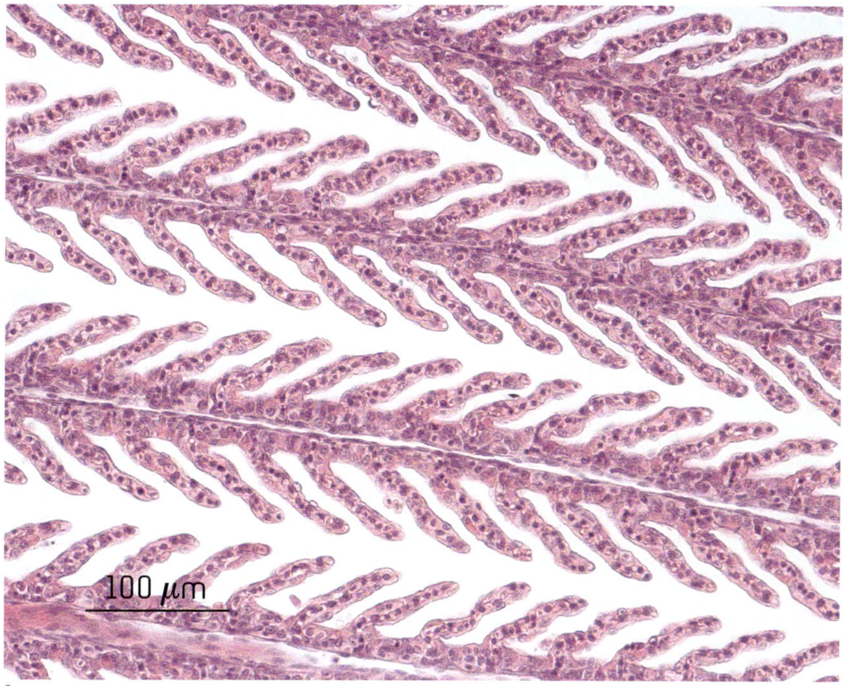

8 9

Leider gibt es auch hier keine eierlegende Wollmilchsau, also einen Biomarker, der alles gleich gut angibt. Die bekannten biologischen Zusammenhänge erlauben aber ein besseres Verständnis und eine auf unsere Bedürfnisse zugeschnittene Auswahl von Messpunkten. Jedes in der Umwelt vorhandene Schadstoffmolekül greift zunächst an einem Molekül des Bioindikators an, zum Beispiel an der Zellmembran. Aus dieser Wechselwirkung können jetzt Folgewirkungen entstehen, weil sich beispielsweise das Schadstoffmolekül mit einem Rezeptor an der Zellmembran verbindet und dadurch eine Reaktionskaskade in der Zelle ausgelöst wird. Dementsprechend wäre ein Rezeptor an der Zellmembran ein sensitiver (da im Idealfall nur ein Schadstoffmolekül erforderlich ist) und spezifischer Parameter. Molekulare Effekte zeigen sich rasch, oft bereits nach Minuten. Ihre ökologische Relevanz ist jedoch gering, da sich Organismen mithilfe einer Reihe von Reparatur- und Schutzmechanismen gegen Schadstoffeinflüsse «wehren», und so setzt sich nicht jeder Schadstoffeinfluss zwangsläufig auf den höheren Ebenen fort. Durch Schadstoffmoleküle verursachte Einflüsse wie Mutationen können also zum Beispiel durch Reparaturmechanismen bei der DNA-Replikation wieder aufgehoben werden. Durch ein ausgedehntes Repertoire an Schutzmechanismen zeichnet sich auch unser Immunsystem aus. Dementsprechend erreichen viele molekulare Schädigungen die höheren Ebenen, die vor allem für eine integrierte Umweltbeurteilung auf der Ebene von Populationen, Arten und Ökosystemen wichtig sind, gar nicht. Die Auswahl derartiger Parameter ist also sehr stark von der Fragestellung abhängig, und die Antwort von Messpunkten der einen Stufe erlaubt selten Aussagen für die nächsthöhere Ebene. Messungen auf der Ebene der Population haben eine sehr viel größere ökologische Relevanz als die Untersuchung an einzelnen Arten, es dauert aber vergleichsweise lange, bis Auswirkungen sich manifestieren. Zudem sind Antworten auf diesen hohen Ebenen der biologischen Hierarchie fast nie spezifisch. Ursache-Wirkungs-Beziehungen bleiben also meist im Dunkeln. Je höher in der Hierarchie wir uns bewegen, desto mehr andere Einflüsse haben sich bis zu dieser Ebene im Organismus bereits ausgewirkt. So ist bekannt, dass in der Umwelt vorhandene Krankheitser-

8 Die Kiemen sind wichtige Organe für die Aufnahme und Ausscheidung von Umweltchemikalien.

9 Histologischer Schnitt einer Forellenkieme: Zu sehen sind vier Kiemenfäden, an denen jeweils beidseitig zahlreiche Kiemenblättchen angeordnet sind (vgl. auch Text S. 18).

Charakteristika von Biomarkern in Abhängigkeit ihrer Stellung auf den Ebenen der biologischen Hierarchie

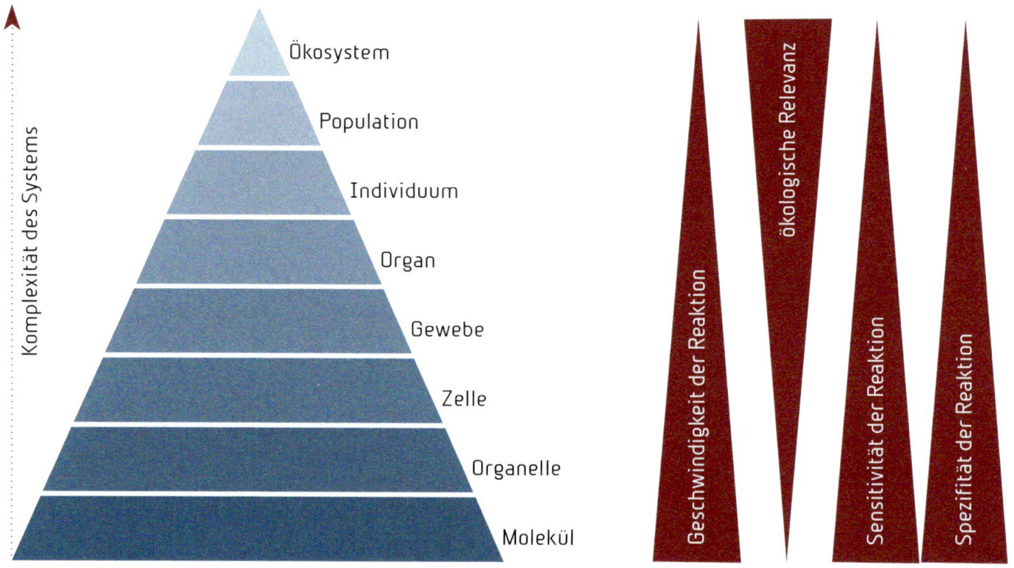

reger zusammen mit Umweltchemikalien eine andere Wirkung auf Organismen ausüben, als wenn nur ein Faktor den Organismus beeinflusst. Deshalb müssen wir versuchen, diese verschiedenen Einflüsse gut voneinander zu trennen oder wenigstens zu erkennen, dass es derartige Interaktionen gibt.

Biomarker, die häufig untersucht werden, sind zum Beispiel die Menge oder Aktivität bestimmter Enzyme, die Schadstoffe umbauen, speichern oder ausscheiden. Die erhöhte Enzymaktivität von Entgiftungsenzymen nach der Exposition gegenüber PCBs wäre also eine solche Reaktion.

Risikoabschätzung und ökotoxikologische Testsysteme

In der prospektiven Arbeit der Ökotoxikologie steht in Europa derzeit die Arbeit für REACH im Fokus (Registration, Evaluation, Authorisation and Restriction of Chemicals; EU-Verordnung zum Chemikalienrecht). Wichtig sind hier die Expositionsabschätzung (wie hoch ist die Konzentration der Substanzen in der Umwelt) und die Wirkungsanalyse. Dafür kommen unter anderem ökotoxikologische Tests zum Einsatz. Dabei wird die Wirkung von Chemikalien auf Testfischarten in standardisierten Tests untersucht. Standardisiert werden beispielsweise die Hälterung, die Versuchsdauer und die zu messenden Parameter (zum Beispiel Sterblichkeit, Fruchtbarkeit). Sowohl für die Beurteilung der Giftigkeit von Abwässern als auch für die Zulassung neuer Chemikalien sind Tests gesetzlich vorgeschrieben. Je nach vorgesehenem Produktionsvolumen und erwarteter Umweltbelastung müssen akute, subakute und chronische Tests mit verschiedenen Arten über eine vorgeschriebene Zeitspanne durchgeführt werden. Akute Tests, bei denen die Konzentration von Chemikalien respektive Abwässern bestimmt wird, ab der keine Sterblichkeit verursacht wird, werden zunehmend durch Tests ohne Tierversuche abgelöst. So werden Zellen verschiedener Organe in Kultur genommen und untersucht.

Die Extrapolation von Ergebnissen ökotoxikologischer Tests auf die Situation in der realen Welt wird durch verschiedene Umstände zusätzlich erschwert: Im Freiland haben wir es mit einem Chemikaliencocktail zu tun. Eine Mischung von mehreren Stoffen mit gleichem Wirkungsmechanismus kann einen Effekt bewirken, obwohl die Komponenten einzeln noch keine Wirkung zeigen würden. Dann sind die Arten in einer Lebensgemeinschaft unterschiedlich empfindlich. Um diese Unsicherheiten bei der Risikobeurteilung mit einzubeziehen, werden Sicherheitsfaktoren verwendet. Die Höhe eines solchen Faktors ist abhängig von der Art und dem Umfang der vorhandenen ökotoxikologischen Daten, es gibt aber keine wissenschaftlichen und allgemein gültigen Kriterien zu ihrer Bestimmung. Zunehmend wird man sich der potenziellen Gefährdungen durch Umweltchemikalien bewusst und versucht, dem durch entsprechende Gesetze zu begegnen. So bemüht man sich, Mensch und Umwelt vor möglichen Risiken beim Umgang mit Chemikalien besser zu schützen und die Einträge in die Umwelt zu reduzieren, was durch Einleitungsbestimmungen, Bau effizienter Kläranlagen und Stoffverbote zumindest teilweise gelingt. Dennoch sind viele Gewässer noch weit vom ökologischen Zielzustand entfernt.

10

10 Aquarienanlage für ökotoxikologische Tests.

Alternative Testsysteme in der Ökotoxikologie

(Thomas Braunbeck)

Da die neue europäische Chemikaliengesetzgebung dazu führen wird, dass die Zahl der eingesetzten Testfische stark zunimmt, fordert REACH gleichzeitig den verstärkten Einsatz von Alternativverfahren. Neben Fischzellkulturen werden vor allem Fischembryonen als Alternativen geprüft. Beide Testverfahren zeigen zunächst gute Übereinstimmung mit dem Fischtest; eine Korrelation von nahezu 1:1 zeigt aber nur der Fischembryotest mit dem Zebrabärbling. In der Abwasserüberprüfung ist der Fischembryotest in Deutschland inzwischen Vorschrift. Bei Substanzen mit hohem Gefährdungspotenzial wird zudem in einem sogenannten Life-Cycle-Test mit allen Stadien in der Entwicklung eines Fisches (also vom Ei über Embryo und Larve bis zum adulten Fisch) die niedrigste Konzentration ermittelt, ab der Schädigungen auftreten. Schließlich dienen Fische auch als Modelle für die Ermittlung von spezifischen toxischen Effekten, zum Beispiel auf die DNA (Gentoxizität) oder das Hormon- und Immunsystem.

11

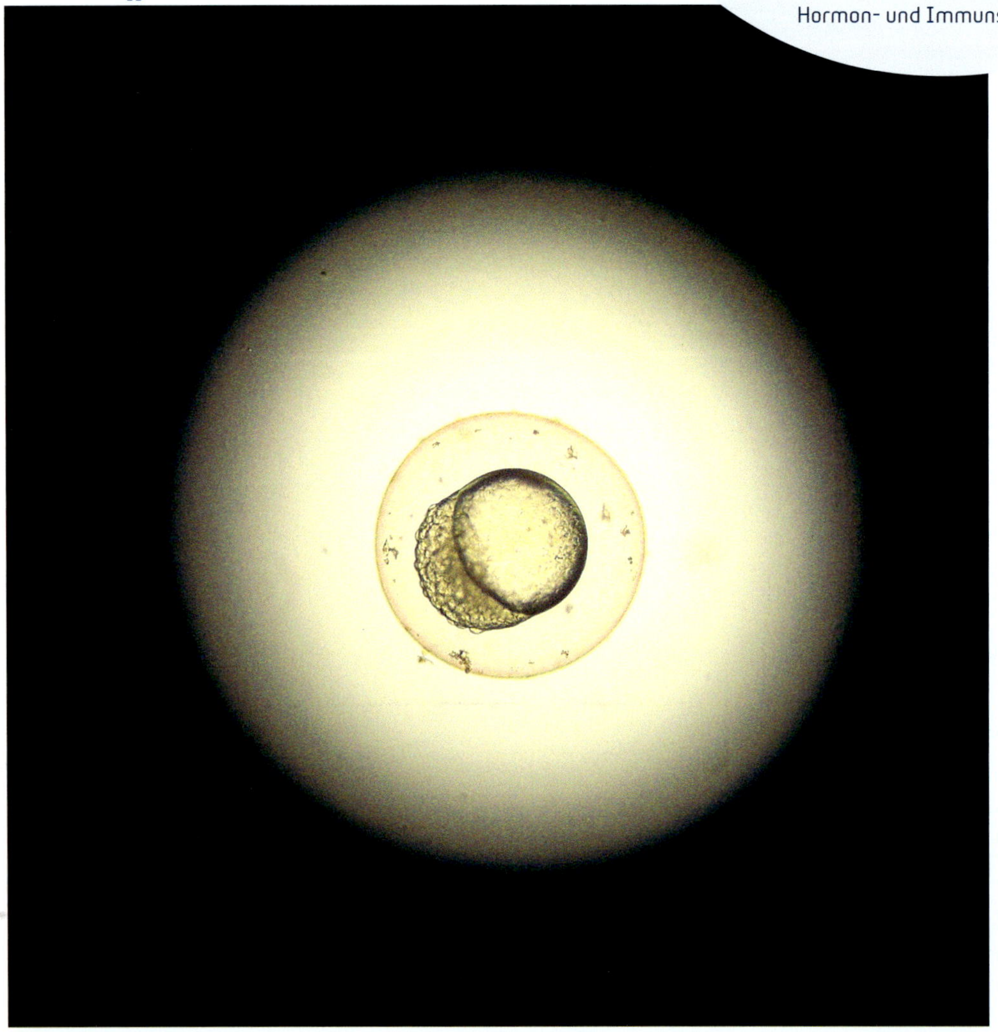

12

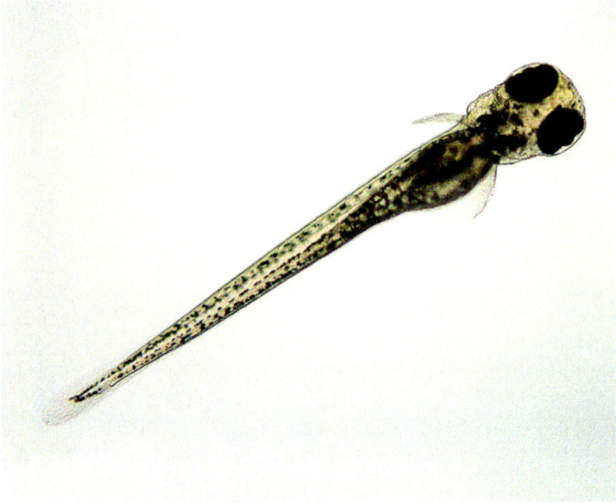

13

11 Der Zebrabärblingeitest wird für die ökotoxikologische Risikobeurteilung herangezogen.
12 Zebrabärblingei *Danio rerio* mit Embryo, 48 Stunden nach der Befruchtung.
13 Zebrabärblinglarve, 96 Stunden nach der Befruchtung.
14 Kulturen von Forellenleberzellen *Oncorhynchus mykiss* (rainbow trout liver-cells) für die Ökotoxikologie.
15 Zebrabärblinge, im Einsatz für ökotoxikologische Risikobewertung.

14

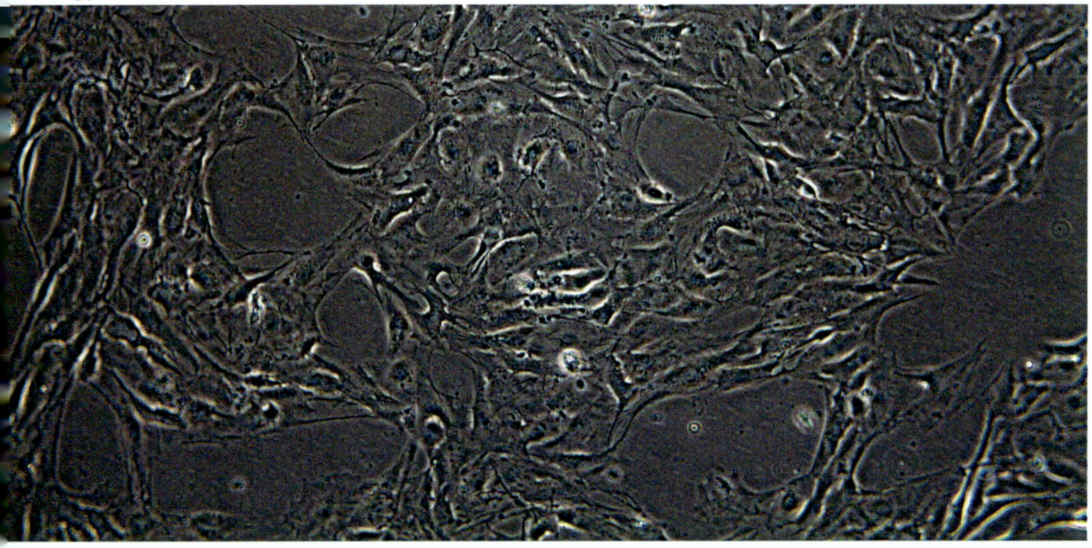

15

1

Aquarien – künstliche Paradiese?

9

2

5

Unterstützung bei der Einrichtung und Pflege ihrer Unterwasserwelten bieten, stellt sich die Fischhaltung nicht ganz so einfach dar: So sterben 70 Prozent der marinen Zierfische in privaten Haushalten innerhalb eines Jahres. Was sind die Gründe? Probleme gibt es einerseits durch ungenügende Wasserqualität und Ernährungsfehler. Andererseits verursachen der unnatürlich begrenzte Lebensraum und die erzwungene Vergesellschaftung bei Fischen mit ihren komplexen Verhaltensstrukturen Stress, die eine erhöhte Krankheitsanfälligkeit zur Folge haben.

3 Skalare *Pterophylum scalare* gehören zu den Buntbarschen. Sie leben in ihrer Jungend im Schwarm, später paarweise. Sie sind seit etwa hundert Jahren als Aquarienfische sehr beliebt und werden in vielen gezüchteten Spielarten angeboten.

4 Papageienplatys *Xiphophorus variatus* gehören zu den lebendgebärenden Zahnkarpfen. Ihre Heimat ist Mexiko. Der einfach zu haltende Fisch wird seit vielen Jahren erfolgreich gezüchtet und in zahlreichen Farbvarianten, rot, gelb, blau und schwarz mit vielen Zeichnungsmustern, angeboten.

5 Das Grüne Schwalbenschwänzchen *Chromis viridis* ist einer der häufigsten Meerwasseraquarienfische. Ein solcher Schwarm von Jungfischen, wie er hier im Meer über der Steinkoralle *Acropora* zu sehen ist, bildet sich im Aquarium nur selten.

Aquaristik – Beihilfe zum Artenschutz oder Bedrohung für die natürlichen Bestände?

6

6 Der Napoleon-Lippfisch *Cheilinus undulatus* lebt in Korallenriffen des Pazifiks und des Roten Meers. Er wird über 2 m groß und fast 200 kg schwer. Da man sich ihm leicht nähern kann, ist er bei Tauchern sehr beliebt. Er wird meist lebend gefangen und in asiatischen Restaurants bis zu seiner Zubereitung in Aquarien gehalten. Er gilt als Delikatesse, seinen wulstigen Lippen sagt man aphrodisierende Wirkung nach. Durch Überfischung und Zerstörung des Lebensraums ist er im Rückgang begriffen und gilt nach IUCN als bedroht.

7

7 Teuere Arowanas «Golden Dragon» *Scleropages legendrei*.

8 Koi-Karpfen, eigentlich Nishikigoi (jap. Brokatkarpfen), sind farbige Zuchtformen des Karpfens; es werden verschiedene Klassen und mehr als hundert Unterformen unterschieden. Die Tiere können bis zu sechzig Jahre alt werden und erzielen bei Liebhabern Preise im fünfstelligen Eurobereich.

Alle Fische erfüllen eine Funktion in ihren angestammten Ökosystemen. Werden sie in übermäßigen Zahlen von dort entnommen, gefährdet das das natürliche Gleichgewicht. Die Entfernung algenfressender Korallenfische aus einem Riff kann dazu führen, dass die Algen überhandnehmen und so die Korallen am Wachstum oder der Vermehrung gehindert werden. Solche Auswirkungen sind kaum vorhersehbar, da wir es oft mit Kippschaltereffekten zu tun haben und die Komplexität der Ökosysteme viel zu wenig verstehen, um die Konsequenzen unseres Tuns abschätzen zu können.

30 Millionen Fische pro Jahr gelangen aus der freien Wildbahn in unsere Wohnzimmer. Solche Wildfänge können aus verschiedenen Gründen problematisch sein. Arten, die extrem limitierte Verbreitungsgebiete und niedrige Nachwuchszahlen haben, können bei übermäßigem Fang schnell vor der Ausrottung stehen. Ein Beispiel ist der Banggai-Kardinalbarsch, *Pterapogon kauderni:* Dieser Maulbrüter (K-Stratege) kommt nur in einem 700 Quadratkilometer großen Revier zwischen vier indonesischen Inseln vor – damit ist sein Verbreitungsgebiet eines der kleinsten mariner Arten. Diese attraktiven Fische sind bei Aquarianern beliebt, da sie gut überleben, Trockenfutter annehmen und sich auch in Gefangenschaft vermehren. Dementsprechend werden jedes Jahr 600 000 bis 700 000 Fische gefangen und vermarktet. Warnungen vor einem Aussterben wurden laut und eine Aufnahme in die Rote Liste gefordert. Arten, die weit verbreitet sind und in großen Populationen vorkommen, sind weniger gefährdet, beispielsweise *Amphiprion*.

Nach Schätzungen sind ein Drittel der maledivischen Aquarienarten überfischt. Der Wildfang beschwört zusätzlich auch einen Konflikt mit dem Tauchtourismus herauf: Beide zielen auf dieselben Arten ab!

9

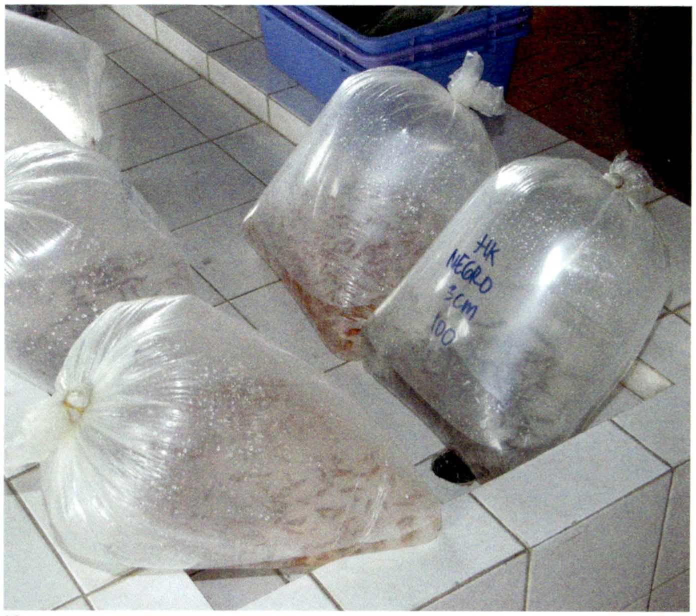

10

In verschiedenen Tauchrevieren wurde deshalb der Fang von Zierfischen reguliert oder verboten. So haben einzelne Regionen und Länder mittlerweile den Handel mit Riesenlippfischen untersagt, da diese spektakulären Fische bei Touristen sehr beliebt sind.

Auf der anderen Seite der Waagschale gilt es jedoch auch zu bedenken, dass mit dem Wildfang ein nicht unerheblicher sozioökonomischer Nutzen verbunden ist: Wenn eine nachhaltige Bewirtschaftung dieser Ressource möglich wird, stellen die Fischfänge für den Fischer eine stabile und nachhaltige Einkommensquelle dar, die im Idealfall auch mit dem Schutz der Lebensräume gekoppelt wäre. Andere gefährliche und ökologisch fragwürdige lokale Nutzungen, wie Erzabbau und Holzschlag oder Wilderei nach Schildkröten usw., können dann unterbleiben.

Eine weitere unerwünschte Erscheinung ist die hohe Sterblichkeit auf dem Weg bis zum Aquarianer: Je nach Herkunft und Vertriebswegen kann ein Fisch zwischen zehn Tagen und zehn Wochen unterwegs sein. In Abhängigkeit von der Sorgfalt und den Haltungs- und Transportbedingungen sterben zwischen 5 und 80 Prozent der Tiere auf dem Weg in das private Becken, und dort überleben 50 Prozent der Tiere die ersten sechs Monate nicht. Hohe Sterblichkeit geht nicht nur auf schlechte Transportbedingungen zurück, sondern auch auf nicht angemessene Fangmethoden. Marine Aquarienfische werden typischerweise von ortsansässigen Fischern gefangen, mit den Händen, mit Handnetzen, Angeln ohne Widerhaken oder einfachen Fallen. Ein Fischer kann 25 bis 50 Tiere pro Tag auf diese Art erbeuten und an den Händler weiterverkaufen. In vielen Gebieten ist es leider noch immer verbreitet, Zyanid zur Fischerei einzusetzen, um rasch an die begehrten Arten zu gelangen. Der Einsatz dieses Gifts ist zwar vielfach verboten, doch da Zyanid auch in anderem Zusammenhang verwendet wird (Metallurgie), ist

9 Die Zucht von Süßwasserfischen für die Aquaristik ist ein florierendes Geschäft.

10 Aquarienfische, hier lebendgebärende Zahnkärpflinge (Platys), legen oft lange Transportwege zurück. Um den Ausbruch von Krankheiten zu verhindern, werden dem Transportwasser oft Salz oder andere Chemikalien zugegeben, die das Wachstum von Krankheitskeimen hemmen.

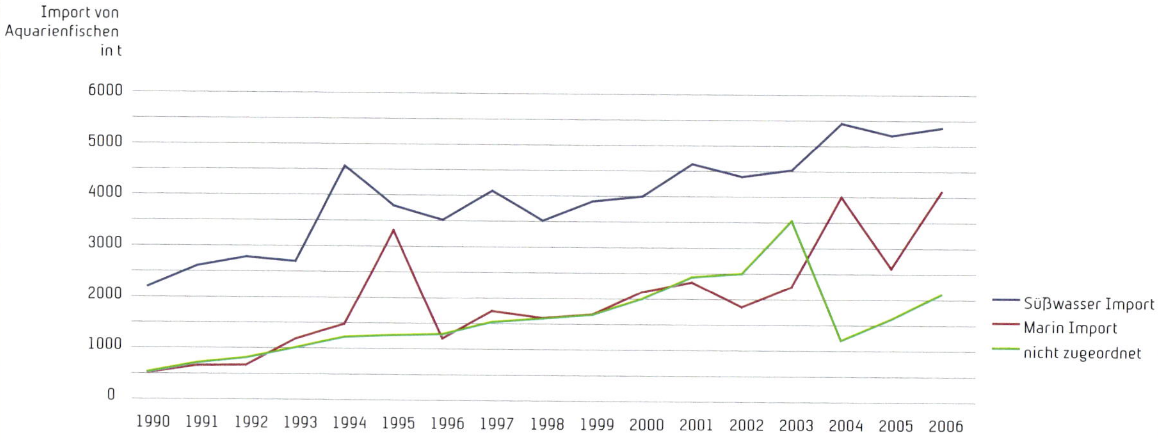

Entwicklung der Importzahlen für Aquarienfische aus Süßwasser und den Ozeanen (nach FAO online, Fishstat, commodities production and trade)

es im Handel erhältlich. In einer Untersuchung hatten 90 Prozent der indonesischen Fischer, die für den Lebendfischfang unterwegs waren, Zyanid an Bord. Diese Stickstoffverbindung schädigt und tötet viele Arten im Riff und führt zur vorübergehenden Lähmung der Atmung der Fische. Da es sich schlecht dosieren lässt, sterben viele, vor allem kleinere Fische, direkt nach der Anwendung. Je nach Konzentration, denen die Fische ausgesetzt waren, treten pathologische Veränderungen aber oft erst Wochen später auf. Man schätzt, dass von 100 im Riff mit Zyanid gefangenen Fischen nur 2 bis 15 lebend im Aquarium ankommen, die darüber hinaus oft keine langfristigen Überlebenschancen haben, weil sie an den verursachten Organschäden zugrunde gehen. Beim «Sudden-Death-Syndrome» kann es zum plötzlichen Tod kommen, wenn der zuvor durch Zyanid gestresste Fisch noch weiteren Stressfaktoren, und sei es nur dem Einschalten des Lichts, ausgesetzt wird.

Am Ort der Fischhaltung droht den heimischen Ökosystemen Gefahr durch die Freisetzung oder das Entkommen von Fischen aus Aquarium oder Gartenteich. Neben dem unbeabsichtigten Entkommen, beispielsweise bei der Aquarienreinigung, werden Fische oft freigesetzt, wenn sie dem Aquarianer zu groß werden. Damit erwächst den heimischen Arten eine Konkurrenz, es können Krankheiten in die Natur verschleppt werden, und es kann zur Hybridisierung kommen, wie besonders bei Cypriniden zu beobachten ist. Problematisch ist diese Ausbreitung vor allem dann, wenn sich die entkommenen Fische vermehren und stabile Populationen aufbauen können. Etwa 65 bis 75 Prozent der in fremde Länder eingeführten Fischarten stammen aus Aquarien (vgl. auch Kap. 4). Was könnte hier helfen? Neben Aufklärung schon beim Kauf und einem bewussten und vorsichtigen Besatz sollten Lösungen gefunden werden, wie die Abgabe der nunmehr unerwünschten Fische an Zoos und öffentliche Aquarien, wie das in den USA der Fall ist (aber wieder andere Probleme, wie das des Platzbedarfs, der Quarantäne usw. nach sich zieht).

Beihilfe zum Artenschutz möchten verschiedene Organisationen und Vereine leisten, indem sie Fischarten, die in der Natur vor dem Aussterben stehen, durch Züchtungen erhalten wollen. Wie steht es um die Zucht von Fischen in Gefangenschaft? Bei den Süßwasserarten

11 Eines der größten privaten Meerwasseraquarien.

Korallenfische im Aquarium

(Daniel Knop)

Die Korallenriffaquaristik – und damit die Pflege von Korallenfischen im Aquarium – hat verschiedene Wurzeln. Eine ist der Wunsch, Meerestiere daheim intensiver beobachten zu können, als dies im natürlichen Lebensraum möglich ist. Das hat vor allem in den westlichen Ländern (Mitteleuropa, Nordamerika) zu einer recht qualifizierten Auseinandersetzung mit der Pflege der Korallenfische geführt. Anfangs wurden diese Tiere zwar wenig artgerecht ohne lebende Korallen gehalten, doch mit der Entwicklung von Methoden zur Aquarienpflege und Vermehrung lebender Weich- und Steinkorallen, die seit den späten 70er-Jahren regelrechte kleine „Mini-Riffe" entstehen lassen, sind Möglichkeiten zur erheblich habitatsgerechteren Haltung von Korallenfischen geschaffen worden. Aquarientechnik ist im Inland verfügbar, aber die tropischen Tiere müssen kostenaufwändig importiert werden, was sie sehr kostbar macht. Bei sinnvoller Artenauswahl und Zusammenstellung natürlicher Gemeinschaften (z. B. Paarhaltung) kann sich dadurch bei Korallenfischen heute ein so weit gehendes Repertoire an natürlichen Verhaltensweisen entwickeln, dass auch umfassende Verhaltensstudien im Aquarium möglich sind. Ein derart artenreiches Aquarien-Ökosystem bietet auch dem biologischen Laien Möglichkeiten, mehr über Biologie und Ökologie von Korallenfischen zu lernen.

Ein völlig anderer Ansatz zur Aquarienpflege von Korallenfischen ist der Wunsch nach einem «exklusiven Zimmerschmuck», z. B. in Hotels, Banken oder Restaurants. Letzteres ist besonders in jenen tropischen Ländern Asiens anzutreffen, die über Korallenriffe verfügen (z. B. Philippinen und Indonesien), sodass die Tiere leicht zugänglich sind, aber auch in Singapur. Hoch entwickelte Aquarientechnik muss in diesen Ländern importiert werden und ist somit sehr teuer, Korallen und Fische sind jedoch als leicht verfügbare Ressource billig. Das hat zu einer Verwendung von Tieren im Aquarium geführt, wie man sie von Schnittblumen kennt: Sobald die Tiere aufgrund unzureichender Pflegebedingungen verendet sind, werden sie einfach ersetzt, meist im Rahmen der regelmäßigen Aquarienpflege. Die Tiere werden hierbei auf ihren dekorativen Effekt reduziert und die Aquarienpflege im Regelfall an Hilfspersonal delegiert, das keinerlei biologische oder ökologische Sachkenntnis hat. Eine Ausnahme in Asien stellt Japan dar; hier sind im Süden subtropische Korallenriffe verfügbar, und das Durchschnittseinkommen ermöglicht die Anschaffung hoch entwickelter Aquarientechnik. Auf dieser Basis hat sich hier eine Aquarienliebhaberei entwickelt, die sehr auf Korallenfische bezogen ist.

11

stammen heute schon neunzig Prozent aus der Zucht, während es bei den marinen Arten gerade mal ein Prozent ist. Aber auch die Anstrengungen, Meerwasserarten in Gefangenschaft zu vermehren, nehmen zu. Das größte Problem dabei ist die Aufzucht der Larven und hier wiederum besonders deren spezielle Futteransprüche. Meist ist Lebendfutter, also Plankton, je nach Lebensstadium in bestimmten Größen, erforderlich. Mitbestimmend für erfolgreiche Zuchten sind natürlich auch die Verhältnisse auf dem Markt. Zwischen Züchtern und Händlern, die Fische aus dem Wildfang vermarkten, besteht eine Konkurrenz. Tiere aus der Zucht sind zwar oft qualitativ besser – anpassungsfähiger und widerstandsfähiger, da sie bereits für die Zuchtbedingungen selektioniert wurden – und haben dadurch eine höhere Lebenserwartung, sind aber teurer. Solange also Händler und Konsumentinnen einen niedrigen Preis über Qualität, Lebenserwartungen und Umweltschutz- Gesichtspunkte stellen, wird es schwierig sein, eine Änderung herbeizuführen. Erst wenn es teurer und aufwändiger wird, Wildfänge zu bekommen, werden Zuchten attraktiver.

Wie sehr durch Kultivierung der Druck von den natürlichen Populationen genommen wird, zeigt das Beispiel des asiatischen Arowana oder Golden Dragon *Scleropages legendrei*. Er wird in China als Glücksbringer von vielen Geschäftsleuten in den Büros gehalten. Da er zwischenzeitlich gut in Gefangenschaft vermehrt werden kann, konnte der bislang bedrohte Fisch mittlerweile von der Roten Liste genommen werden.

Vorreiter bei der Kultivierung sind asiatische Länder, Florida und südamerikanische Staaten. In den USA ist die Zucht von Zierfischen bereits die viertwichtigste Aquakultur-Industrie, nach Wels, Forelle, und Lachs. Vor dem Export, in vielen Ländern auch beim Import, ist in der Regel eine Quarantäne angesagt, während deren sich die Fische auch an das Leben in der neuen Umgebung gewöhnen.

Der Handel mit Zierfischen hat sich in den letzten Jahrzehnten zu einem großen Geschäft entwickelt, mit jährlichen Wachstumsraten von 14 Prozent. Mit allem Zubehör schätzt man, dass in der Aquaristik 15 bis 30 Milliarden US-Dollar umgeschlagen werden. 350 Millionen Zierfische werden jährlich gehandelt. Mehr als die Hälfte stammt aus Ost- und Südostasien, allen voran Singapur.

Noch teurer sind seltene Fische, insbesondere solche, die nur mit sehr aufwändigen Methoden gefangen werden können. 2001 wurden für ein Pärchen Anglerfische, die mit speziellen Tiefsee-Tauchbooten geholt wurden, 5000 US-Dollar gezahlt. Ein Wettkampfsieger-Koi-Karpfen erzielt sogar bis zu 1,2 Millionen US-Dollar.

12 Schauaquarium Long Island: Farben- und Formenpracht vor den Kulissen.
13 Technik hinter den Kulissen.

Öffentliche Aquarien

Schauaquarien liegen im Trend. Viele dieser Aquarien geben sich einen erzieherischen Auftrag und möchten zur Bewusstseinsbildung und Kenntniserweiterung beitragen. Wie weit diese Bemühungen von Erfolg gekrönt sind und vor allem zu nachhaltigen Veränderungen bei Werten und Einstellungen beitragen, ist bisher kaum untersucht worden. Während man früher in Zoos und Aquarien ging, um Tiere zu bestaunen, die man nie zuvor gesehen hat, steht heute eher das Interesse im Vordergrund, die Tiere nicht nur im Film, sondern in ihrer Lebendigkeit aus nächster Nähe zu beobachten. Oft sind öffentliche Aquarien mit Forschungseinrichtungen verbunden und unterstützen die Forschung zu Lebensweise, Aufzucht und adäquater Haltung ihrer Fische. Gleichzeitig unternehmen sie Anstrengungen, selbst nachhaltig zu wirtschaften und beispielsweise die Lebensdauer der Fische zu erhöhen. Bei Aquarien mit vielen verschiedenen Arten kommt oft die Frage auf, wieso die Raubfische die kleinen Fische nicht fressen: Das ist nur mit einer geschickten Auswahl an Fischen und Rückzugsräumen möglich.

Häufig rein aus ästhetischen Gründen werden in Einkaufszentren Aquarien installiert. Dem Wohlbefinden der Fische muss hier besonders Rechnung getragen werden: Lärm und das Klopfen an die Glaswände stressen die Tiere. Um die Besucher vom Klopfen abzuhalten, untersuchte man im Tierpark Schönbrunn (Wien) die Wirkung verschiedener Aufforderungen. Am wirksamsten war es, die Besucher an ihrer Ehre zu packen: Das Schild «nur Beklopfte klopfen gegen Scheiben» reduzierte die Klopfhäufigkeit um 90 Prozent.

12

13

Haben Fische Gefühle?

Fische können weder weinen noch schreien, man sieht ihnen mögliches Unbehagen nicht gerade an der Nasenspitze an. Können wir ein gutes Gewissen dabei haben, Fische nur zur Zierde in Gefangenschaft zu halten oder nur aus sportlichem Ehrgeiz zu angeln? Die gleiche Frage stellt sich uns natürlich als Forscher und Forscherin, wenn wir an Fischen Versuche durchführen. In Deutschland werden pro Jahr etwa 100 000 bis 150 000 Fische zu wissenschaftlichen Zwecken eingesetzt, in der Schweiz sind es zirka 10 000.

Wie stellt man denn überhaupt fest, ob ein Fisch leidet oder Schmerzen empfindet? Als Wirbeltiere haben sie eine vergleichbare neuroanatomische und neuropharmakologische Ausstattung, also die Rezeptoren, Gehirnregionen, die Nervenbahnen, ebenso Schmerz vermittelnde Transmitter, die darauf schließen lassen, dass auch Fische Schmerz empfinden und leiden. Andererseits könnte man annehmen, dass für das Schmerzempfinden ein Bewusstsein vorhanden sein muss, das bei Säugetieren im Neocortex angesiedelt ist. Dieses spezialisierte Rindenareal im Endhirn ist bei Fischen nicht ausgebildet, demnach – so wird argumentiert – können sie keine Schmerzen erleben. In dieser Argumentationslinie wird unterschieden zwischen Schmerzen als bewusste, psychische Erfahrung (die man ausschließlich Primaten zugesteht) und einer rein mechanischen Reaktion und dem Meideverhalten unangenehmer Reize bei vielen Organismen – was Fische natürlich besitzen. Wie zeigt sich ein solches Meideverhalten bei Fischen? Forellen, denen Essigsäure in die Lippen gespritzt wurde, reiben sich diese Stellen am Kies, sie zeigen ungewöhnliche und atypische Verhaltensweisen ebenso wie eine erhöhte Atemfrequenz und verzögerte Nahrungsaufnahme – das alles sind keine unmittelbaren, reflexhaften Verhaltensweisen, sondern sie treten erst nach einem gewissen Moment auf, typisch für eine Antwort auf Schmerzen. Gleichermaßen lernen viele Fische rasch, einmal erlebtem Schmerz auszuweichen, und verschiedene Arten reagieren mit Lautäußerungen, wohl vergleichbar mit «Schmerzensschreien». All das erscheint logisch: In der Evolution wären Individuen, die nicht angemessen auf mögliche schädigende Einflüsse reagieren könnten, schnell dem Untergang geweiht. Eine artgerechte Umgebung, eine angemessene Pflege und ein möglichst stressfreier Umgang sollten also stets gewährleistet sein, wenn wir Fische in unserer Obhut haben. Im deutschsprachigen Raum ist das auch von der Gesetzgebung so festgehalten.

14 Küssende Gurami *Helostoma spp.*, diese Labyrinthfische leben in südostasiatischen Süßgewässern. In ihrer Heimat sind sie als Speisefische auch für die Aquakultur beliebt, in unseren Breiten kommen sie als Aquarienfische in den Handel. Beim vermeintlichen «Küssen» handelt es sich wohl eher um Rivalenkämpfe, detaillierte Kenntnisse fehlen noch.

15 Das Langschnauzen-Seepferdchen *Hippocampus reidi*, hier ein einen Tag altes Jungtier, hat in der Natur dank seines Knochenpanzers und seiner Stacheln wenige natürliche Feinde, ist aber durch den Menschen bedroht. Es landet häufig als Beifang in den Fischernetzen und ist in vielen Ländern als Souvenir und in der traditionellen asiatischen Medizin beliebt.

14

Maßnahmen zum Schutz von Ökosystemen und Fischen in Gefangenschaft

Die ganze Aquaristik-Branche ist also eng mit Fang, Zucht, Export, Import und Hälterung von Fischen in Gefangenschaft verknüpft, dementsprechend stellen sich Anforderungen einerseits nach dem Schutz der natürlichen Ökosysteme und dem Erhalt der Biodiversität sowie andererseits nach der adäquaten und tiergerechten Behandlung der Fische.

Verschiedene Organisationen haben sich zum Ziel gesetzt, die involvierten Personenkreise auszubilden und Programme zum Schutz der Lebensräume zu entwickeln. Es seien hier nur stellvertretend einige der großen Organisationen und deren Hauptanliegen genannt: Die «International Marinelife Alliance» setzt sich besonders für den Schutz der Korallenriffe in Südostasien und dem Pazifik ein. Dafür hat sie zum Beispiel den Zyanidnachweis entwickelt, mit dem in den letzten Jahren 48 000 der für den Aquarienhandel gefangenen Fische in den Philippinen getestet wurden. Sie bildet Fischer in verantwortungsvollem Lebendfisch-Fang aus. Die Ornamental Aquatic Trade Association (OATA) hat einen «Code of Conduct» verabschiedet, der zu einem verantwortungsvollen Umgang mit den Zierfischen und anderen Aquarienorganismen in allen Bereichen vom Import bis zur Haltung anleitet. Es ist ihr ein besonderes Anliegen, die Freisetzung von Fischen und anderen Organismen aus Aquarien einzudämmen. Dazu werden beispielsweise die für den Fischkauf und -transport bestimmten Plastikbehälter mit entsprechenden Verhaltensanleitungen bedruckt. Die Mission des «Marine Aquarium Council» ist es, durch verantwortungsvollen Aquarienhandel marine Ökosysteme zu schützen. Mit einem Zertifizierungssystem wird angestrebt, die Nachhaltigkeit der Ressourcenbewirtschaftung und des Transports zu garantieren. Die weltweite Handelsorganisation «Ornamental Fish International» repräsentiert alle Sektoren der Aquariumsindustrie und verpflichtet sie zur Einhaltung ihres Ethik-Codex, in dem zum Beispiel die umweltverantwortliche Hälterung oder das Einhalten von Wasserqualitätsmerkmalen vorgeschrieben ist. Manche Firmen, die nicht Mitglied dieser Handelsorganisation sind, bieten zum Beispiel Überlebensgarantien für ihre Fische. Andere kategorisieren Fische nach der Schwierigkeit der Hälterung, um Frustration bei den Aquarianern ebenso zu vermeiden wie die unsachgemäße Haltung und Pflege der Fische. Vereinigungen mit ähnlicher Zielsetzung gibt es auch in Deutschland, Österreich und der Schweiz (zum Beispiel SAIA/ESAIA). MARUBIS, beispielsweise setzt sich den Schutz und die Erforschung mariner Ökosysteme zum Ziel und fördert eine naturschonende Meerwasseraquaristik.

15

1

Ausblick

10

Was nutzen uns die Fische?

2

Farbenprächtige Fische erfreuen uns mit ihren ausdrucksstarken Verhaltensweisen. Gewässer ohne glitzernde Silhouetten davonhuschender Fische empfinden wir als leblos. Die voranschreitende Übernutzung der fischereilichen Ressourcen macht uns betroffen. Der Fisch ist «das» Tier, das für den Menschen Verbundenheit mit dem Element Wasser symbolisiert. Dementsprechend werden in vielen Kulturen Fische als Glücksbringer verehrt, auf Briefmarken abgebildet, Bauwerke in Fischform errichtet, oder sie dienen als Schmuckstücke. Der Mensch nutzt den Fisch und profitiert auf vielerlei Art von ihm. Die Güter und Leistungen der Natur, die sie für den Menschen bereithalten, werden als Ökosystem-Dienstleistungen bezeichnet. Neben ihrer Funktion als Nahrung und als Futtermittel liefern Fische auch Grundstoffe für Medikamente oder Forschung

3

4

5

(Breitband-Antibiotikum aus Magen-Extrakt aus dem Dornhai oder Tetrodotoxin, das in der Neurobiologie Verwendung findet). Fische unterstützen die menschliche Gesundheit auch indirekt, indem sie zum Beispiel die sich im Wasser entwickelnden Larven der Malariamücken fressen. Fische erfüllen regulierende Funktionen, wenn sie beispielsweise Nährstoffe von ihren Fressgebieten in die Brutgebiete transportieren. Ebenso gestalten Fische ihre Lebensräume (zum Beispiel die Laichgruben schlagenden Salmoniden). Fische dienen als ökologisches Gedächtnis: Bei Veränderungen in ihren Lebensräumen oder Katastrophen können sie ausweichen und später wieder zurückkehren – wie bei der Wiederbesiedlung aus Rückzugsrefugien nach Katastrophen. Fische fungieren als Bioindikatoren. Sie stehen im Zentrum einer auch international beliebten Freizeitbeschäftigungen, der Angelfischerei. Diese generiert ebenso wie die Aquaristik und der Tauchtourismus jährlich hohe Umsätze und zahlreiche Arbeitsplätze.

Bei diesen vielen nützlichen Leistungen fragt man sich vielleicht umso mehr, weshalb diese Tiere und ihre Lebensräume nicht besser geschützt werden? In Europa sind bis zu 80 Prozent der einheimischen Fischarten als in irgendeiner Weise gefährdet eingestuft, Gründe sind Habitatverlust, Bioinvasoren, Verschmutzung und Überfischung. Je nach Lebensraum und Art stehen andere Faktoren im Vordergrund. Letztlich steht hinter allen diesen Gründen der Mensch mit seinem Bevölkerungswachstum und seinen steigenden, oft unüberlegten Bedürfnissen.

1 Vorhergehende Doppelseite: Kleiner Fischereihafen in Sizilien.

2 Skulptur, die vom Architekten Frank Gehry im Rahmen der Olympischen Spiele 1992 in Barcelona errichtet wurde.

3 Nemo-Tassen – Fischmotive werden auch als Souvenirs vermarktet.

4 Squalen – eine chemische Verbindung, die in großen Mengen in Haifischleberöl enthalten ist. Sie wird in der Alternativmedizin gegen Krebserkrankung eingesetzt und findet auch als Zugabe zu Impfstoffen und in der Industrie vielfältige Verwendung.

5 Schmuckstücke werden aus Fischschuppen des Arapaima *Arapaima gigas* gefertigt.

6

6 Ein Rotfeuerfisch *Pterois volitans*. Giftdrüsen an den Spitzen fast aller Flossenstrahlen geben bei Druck ein stark giftiges Sekret ab, das zu Lähmungen und Kollaps führen kann.

7

7 Der Große Fetzenfisch *Phycodurus eques* lebt vor der Südküste Australiens. Er bevorzugt bestimmte Braunalgen als Habitat. Mit seinen blattartigen Auswüchsen und einer farblichen Anpassung an das Wasser ist er bestens getarnt. Diese attraktiven Fische werden in Schauaquarien weltweit gezeigt und können dort bis zu zehn Jahre alt werden.

8

8 Tauchtourismus ist in vielen Ländern ein bedeutender Wirtschaftszweig, und die Zahl der Taucher geht in die Millionen.

Fische und ihre Lebensräume schützen

Oft wird argumentiert, man müsse erst mehr Fakten haben, damit man die richtigen Schutzmaßnahmen einleiten könne. Ebenso heißt es, man könne nur schützen, was man kenne. Das ist zwar richtig, aber leider nicht hinreichend: In Bildung und Ausbildung haben Bemühungen des Natur- und Umweltschutzes und des nachhaltigen Umgangs mit unseren Ressourcen mittlerweile einen hohen Stellenwert. Informationen sind heute, auch dank der elektronischen Medien, in nie zuvor gekanntem Umfang und einem hohen Detailliertheitsgrad rasch verfügbar. Vorschläge für Verbesserungsmaßnahmen lassen sich ebenfalls schnell finden. Woran hapert es also? Umweltverantwortliches Handeln erfordert in den meisten Fällen eine Veränderung der Handlungs- und Verhaltensmuster, und Umlernen fällt schwer. Umso mehr, als man die Ergebnisse der Handlungen, sowohl der «falschen» wie auch der «richtigen», bei so etwas Abstraktem wie dem Schutz von Fischen selten direkt und unmittelbar erlebt. Die Überfischung der Meere, ebenso zum Beispiel die Zerstörung der Lebensräume durch die Flussbegradigung sind nicht Absicht, sondern eher unbeabsichtigte Nebenfolgen unseres Handelns. Die Ziele unserer Aktionen sind meist ehrenwert: gesundes Essen, Landgewinnung usw. Da die unbeabsichtigten Nebenfolgen oft in räumlicher Entfernung und zeitlicher Distanz auftreten, ist es schwer, die Folgen der eigenen Handlung in ihrer ganzen Tragweite abzuschätzen: Woran sehe ich denn, ob mein Verzicht, Roten Thun zu essen, die Population vor dem Zusammenbruch bewahrt? Wie kann ich erkennen, dass das Belassen des natürlichen Flussverlaufs den Fischen ihren erforderlichen Lebensraum gibt?

Trotz dieser ernüchternden Gedanken gibt es Erfolgsgeschichten und positive Entwicklungen. Selbst eine Auswahl würde den Rahmen des Buches sprengen, zumal viele Aspekte subjektiv unterschiedlich wahrgenommen werden. Anerkannte Prinzipien und Konzepte wie das Vorsorge- und Verursacherprinzip, die Anwendung der besten verfügbaren Techniken und der umweltfreundlichsten Praktiken sind eine wichtige Basis, auch in internationalen Verhandlungen. Wenn es um die Umsetzung von Schutzbestrebungen geht, wird oft das finanzielle Argument dagegengehalten: Umweltschutz koste viel Geld, heißt es. Nicht bedacht werden jedoch die anfallenden Kosten, falls die Zerstörung und Ressourcenausbeutung die Ökosysteme funktionsunfähig machen (ein aktuelles Beispiel ist der Ölunfall im Golf von Mexiko im April 2010). Als man in New York eine massive Verschlechterung der Trinkwasserqualität befürchten musste, hervorgerufen durch unkontrollierte Erschließung und intensivierte Bodennutzung im Wassereinzugsgebiet der Catskill Mountains, entschloss sich die Stadt, große Flächen im flussaufwärts gelegenen Wassereinzugsgebiet zu kaufen, zu renaturieren und unter Schutz zu stellen sowie die Abwasseraufbereitung dort zu verbessern. Die Aufwendungen dafür betrugen nur ein Fünftel der Kosten, die angefallen wären, wenn man eine Filteranlage eingerichtet hätte, um die Trinkwasserqualität in der Millionenstadt zu sichern. Die erfreuliche Nebenfolge war die Erholung der strapazierten Fischpopulation. Sowohl Biomasse als auch Artenzahl waren nach der Renaturierung der Gewässer in den Catskill Mountains deutlich gestiegen, und die Salmoniden wurden wieder häufiger.

Bei Erfolgen im Umweltschutz sind heute oft inter- und transdisziplinäre Ansätze im Spiel. Interdisziplinarität meint die Zusammenarbeit von Wissenschaftlern verschiedener Disziplinen, Transdisziplinarität erfordert den Einbezug von Akteuren aus den unterschiedlichsten Bereichen. Betroffene und Beteiligte sitzen von Anfang an mit am Tisch, von der Formulierung der Fragestellung über Projektdurchführung bis hin zur Erarbeitung von Maßnahmenvorschlägen. Der Einbezug der Kenntnisse von Personen außerhalb der Wissenschaft oder Behörden erweitert Blickfeld und Wissen, zudem ist es die Voraussetzung für Akzeptanz und erfolgreiche

9

Umsetzung von Maßnahmenvorschlägen. So bezieht man beispielsweise ansässige Gemeinden bei der nachhaltigen Bewirtschaftung von erschöpften Fischbeständen philippinischer Koralleninseln mit ein.

Viel bewirken können auch Verbände und Vereine: So forderte die vom Schweizerischen Fischereiverband lancierte Volksinitiative: «Lebendiges Wasser» Verbesserungen im Gewässerschutz. Der Schweizer Bundesrat hat reagiert und einen Vorschlag entwickelt. Danach werden Gesetzesänderungen geplant, die die Gewässerrevitalisierung ermöglichen und die schädlichen Auswirkungen der Wasserkraftnutzung verringern sollen. Davon erhofft man sich eine Verbesserung der Artenvielfalt und des Fischreichtums ebenso wie mehr Erholungszonen entlang der Gewässer und die Minimierung schädlicher Auswirkungen des Klimawandels.

Die Einrichtung von Schutzgebieten kann Ökosystemen zur Verbesserung ihrer Funktionsfähigkeit und einer Erhöhung der Biodiversität zu verhelfen. Eine Analyse von 44 Meeresschutzgebieten, die eingerichtet wurden, um marinen Tieren und Pflanzen als Rückzugs- und Erholungsräume zu dienen, zeigte Folgendes: Der Artenreichtum war im Schnitt um 23 Prozent und der Fangerfolg um das Vierfache gestiegen. Die Widerstandsfähigkeit (die Fähigkeit, nach Katastrophen zum ursprünglichen Zustand zurückzukehren) war ebenfalls höher als in Gebieten außerhalb der Schutzzonen. In mehr als 140 untersuchten karibischen Schutzgebieten waren nach ihrer Einrichtung die Einnahmen durch den Tourismus im Vergleich zu vorher deutlich gestiegen. Doch Schutzgebiete sind empfindlich für Störungen, die von außerhalb kommen, wie Verschmutzung, Habitatverluste, Bioinvasoren. Die Vernetzung von Schutzgebieten sowie eine Verknüpfung mit weiteren Management-Optionen wie beispielsweise fischereilichen Regulierungen und Gewässerschutzmaßnahmen sind deshalb wichtig.

9 Desolation Sound – Meeresschutzgebiet Vancouver Island, Kanada.

10 Gewässerrevitalisierungen schaffen neue Teil-Lebensräume, erlauben natürliche Dynamik, wie hier bei einem Hochwasser, und steigern nebenbei die Attraktivität eines Flusses als Naherholungsgebiet.

10

Im Zuge des fortschreitenden Globalen Wandels werden werden wir vor immer neuen Herausforderungen beim Schutz von Fisch und Ökosystem stehen. Um uns diesen Herausforderungen erfolgreich zu stellen und den Veränderungen effektiv und rasch zu begegnen, brauchen wir Bildung und Ausbildung, aber auch ein hohes Maß an Kreativität und den Willen und die Fähigkeit, gemeinschaftlich nachhaltige Lösungen zu erarbeiten und umzusetzen. Ohne die Mitarbeit jedes Einzelnen, entsprechende politische Maßnahmen und Sanktionsmöglichkeiten wird es nicht gehen. Die Fische mit ihren faszinierenden Formen und Farben, mit ihren vielen, oft im Laufe von Millionen Jahren entwickelten Mechanismen, Verhaltensweisen und Anpassungen an ihre Umwelt lohnt es zu entdecken. Ob wir sie bestaunen, sie essen, sie erforschen oder anderweitig von ihnen profitieren – sie sind ein Gewinn, wenn wir sie erhalten können.

Anhang

11

Dank

Sehr vielen Personen bin ich zu großem Dank verpflichtet, ohne die das Buch in der vorliegenden Form nicht realisierbar gewesen wäre. Für die kritische Durchsicht von Teilen des Manuskriptes, wertvolle Diskussionsbeiträge und/oder die Überlassung von Abbildungen danke ich (in alphabetischer Reihenfolge):

Wolf Arntz (Alfred-Wegener-Institut für Polar- und Meeresforschung, Bremerhaven, D)
Marcel Baillods (Blausee AG, Blausee, CH)
Daniel Bernet (Zentrum für Fisch-und Wildtiermedizin, Universität Bern, CH)
Horst Bleckmann (Institut für Zoologie, Universität Bonn, D)
Thomas Braunbeck (Aquatische Ökologie und Toxikologie, Zoologisches Institut, Universität Heidelberg, D)
Christopher R. Bridges (Institut für Stoffwechselphysiologie, Universität Düsseldorf, D)
Malcolm Clark (National Institute of Water and Atmospheric Research NIWA; NZ)
Robert J. Diaz (Institute of Marine Science, Gloucester Point, VA, USA)
Reiner Eckmann (Limnologisches Institut, Universität Konstanz, D)
Arthur Eikel, (Hotel Merian, Basel, CH)
Andreas Hahn (Institut für Lebensmittelwissenschaft und Humanernährung, Universität Hannover, D)
Andrea Hajmer (Bayshore SA/fish4future®, Oberwil, CH)
Toby Herrlich (Bayshore SA/fish4future®, Oberwil, CH)
Katharina Heyer (firmm-Foundation for information and research on marine mammals, Tarifa, E)
Volker Hilge (Johann Heinrich von Thünen-Institut, Institut für Fischereiökologie, Ahrensburg, D)
Fynn J. Holm (Basel, CH)
Jürgen H. Holm (Berner Fachhochschule Technik und Informatik, Biel, CH)
Stephan Hülsmann (Institut für Hydrobiologie, Technische Universität Dresden, D)
Heide Hüster Plogmann (Institut für prähistorische naturwissenschaftliche Archäologie, Universität Basel, CH)
Martin Kainz (WasserCluster-Zentrum für aquatische Ökosystemforschung, Lunz, A)
Felix Kieffer (Bern, CH)
Daniel Knop (Redaktion KORALLE, Sinsheim, D)
Karl-Hermann Kock (Johann Heinrich von Thünen-Institut, Institut für Seefischerei, Hamburg, D)
Max Kramer (Rubigen, CH)
Helmut Kratochvil (Department für Lebenswissenschaften, Universität Wien, A)
Arnold Kuchen (Bundesamt für Gesundheit BAG, Liebefeld, CH)
Christian A. Meyer (Naturhistorisches Museum, Basel, CH)
Christian Michel (Programm Mensch – Gesellschaft – Umwelt, Universität Basel, CH)
Joseph S. Nelson (University of Alberta, Edmonton, CA)
Wolfgang Nentwig (Institut für Ökologie und Evolution, Universität Bern, CH)
Stephan Neuhauss (Institut für Molekulare Biologie, Universität Zürich, CH)
Daniel Pauly (Fisheries Centre, University of British Columbia, Vancouver, CA)
Armin Peter (Eawag, Kastanienbaum, CH)
Constanze Pietsch (Programm Mensch – Gesellschaft – Umwelt, Universität Basel, CH)
Christoph Rehmann-Sutter (Institut für Medizingeschichte und Wissenschaftsforschung, Universität Lübeck, D)
Rüdiger Riehl (Institut für Zoologie, Universität Düsseldorf, D)
Walter Salzburger (Zoologisches Institut, Universität Basel, CH)
Helmut Segner (Zentrum für Fisch-und Wildtiermedizin, Universität Bern, CH)
Carsten Schulz (Institut für Tierzucht und Tierhaltung, Universität Kiel, D)
Patrick Schwartz (Programm Mensch-Gesellschaft-Umwelt, Universität Basel, CH)
David Senn (Zoologisches Institut und Programm Mensch-Gesellschaft-Umwelt, Universität Basel, CH)
Michèle Stark (Institut für Marktökologie, Weinfelden, CH)
Michael Stoffel (Institut für Veterinäranatomie, Universität Bern, CH)
Erich Staub (Bundesamt für Umwelt BAFU, Bern, CH)
Volker Storch (Zoologisches Institut, Universität Heidelberg, D)
Ellen Thaler (Institut für Zoologie und Limnologie, Universität Innsbruck, A)
Thomas Wahli (Zentrum für Fisch-und Wildtiermedizin, Universität Bern, CH)
Claudia Wosnitza-Mendo (Istituto del Mar, Lima, PE)
Alexander J. B. Zehnder (Alberta Water Research Institute, Edmonton, CA, NTU, Singapur, und Triple Z, Zürich, CH)
Andreas Zuberbühler (Basel, CH)

Zusätzlich durfte ich dankenswerter Weise Fotos von Winfried Werzmirzowsky (Neu-Isenburg), Hans Evers (Redaktion Amazonas, Hamburg), Thomas Jermann (Zoo Basel), Erwin Schraml (Augsburg), Chamila Brieske (London) und Michel Roggo (Fribourg) verwenden. Patrick Schwartz half bei wissenschaftlichen Recherchen und Caroline Felber unterstützte mich mit dem Sortieren, Korrigieren und Ergänzen von Texten. Mein Dank geht auch an die hervorragende Zusammenarbeit mit dem Verlag Haupt, besonders an Regine Balmer und Gabriela Bortot. Ein ganz spezieller Dank geht an Andrea Hajmer und Toby Herrlich für ihre fortwährende, unermüdliche Unterstützung, ihre vielfältigen Ideen für die Gestaltung und die Bekanntmachung dieses Buches. Daniel Knop war ebenfalls ein unersetzlicher und stets hilfsbereiter Kooperationspartner, der oft innerhalb weniger Minuten meine vielen Fragen kompetent beantwortete. Meiner Tochter danke ich sehr für die Zeichnungen. Für die tatkräftige Hilfe und die inspirierenden und kritischen Diskussionen in meiner Familie bin ich ebenso dankbar wie für den großen Einsatz, den mein Mann Jürgen für die Erstellung und Bearbeitung der zahlreichen Fotos und die Anfertigung der Grafiken aufgewendet hat.

Informationsquellen im Internet

www.aquariumcouncil.org
www.awi.de
www.ccamlr.org
www.eawag.ch
ec.europa.eu/fisheries
epp.eurostat.ec.europa.eu/portal/page/portal/eurostat/home
www.esaia.net
www.fair-fish.ch
www.fao.org/fishery
www.fischnetz.ch
www.fishbase.org
www.ices.dk
www.iffo.net
www.igb-berlin.de
www.iksr.org
www.issg.org
www.iucnredlist.org
www.marine.org
www.marubis.de/index.php?option=com_content&task=view&id=12&Itemid=26
www.mpaglobal.org
www.msc.org
www.ornamental-fish-int.org
www.ornamentalfish.org
www.seaaroundus.org
sites.google.com/site/selfdottpublic/
www.ufz.de
www.vti.bund.de/de/institute/foe
www.wdpa.org

Außerdem die Websites verschiedener weiterer Institute (wie Max-Planck-Institute, Museen) und zahlreicher Hochschulen.

Literatur

Nur ausgewählte Arbeiten (in Klammern sind die Kapitel angegeben, in denen das Werk hauptsächlich herangezogen wurde; nicht zugeordnet wurden Arbeiten, die für mehrere Kapitel ausgewertet wurden)

Arlinghaus, R. (2004): «Angelfischerei in Deutschland – eine soziale und ökonomische Analyse», in: Berichte des IGB, Heft 18, Leibniz-Institut für Gewässerökologie und Binnenfischerei im Forschungsverbund Berlin e. V. (5)

Arntz, E. & J. Laudien (2006): «Die Mär vom grenzenlosen Reichtum: Was macht die Ozeane (un)produktiv?«, in: Wunder, E., J. Clemens, W. Gamerith, H. Gebhardt, J. Lossau, C. Marxhausen & T. Schwan, Ozeane – Äquatoriales Afrika – Rund um das Dach der Welt – Besonderheiten der politischen Landkarte Europas, HGG-Journal 19+20, Heidelberg, S. 3–22 (5)

Arts, M. T., R. G. Ackman & B. J. Holub (2001): «Essential fatty acids in aquatic ecosystems: a crucial link between diet and human health and evolution», Can. J. Fish. Aquat. Sci. 58, S. 122–137 (7)

Baldigo, B. P. & D. R. Warren (2008): «Response of fish populations to natural channel design restoration in streams of the Catskill Mountains, New York», North American Journal of Fisheries Management 28 (3), S. 954–969 (10)

Belpaire, C. (2008): «Pollution in eel. A reason for their decline?» Ph. D thesis Catholic University of Leuven, INBO M. 2008.2. Instituut vor Natuur- en Bosnderzoek, Brussels, 450 pages, III annexes

Bone, Q. & N. B. Marshall (1985): «Biologie der Fische», Gustav Fischer Verlag

Bone, Q. & R. H. Moore (2008): «Biology of Fishes», Third Edition, Taylor & Francis

Braunbeck, T., M. Böttcher, H. Hollert, T. Kosmehl, E. Lammer, E. Leist, M. Rudolf & N. Seitz (2005): «Towards an alternative for the acute fish LC50 test in chemical assessment: The fish embryo toxicity test goes multi-species – an update», ALTEX 22, S. 87–102 (8)

Broadhurst, C. L., Y. Wang, M. A. Crawford, S. C. Cunnane, J. E. Parkington & W. F. Schmidt (2002): «Brain-specific lipids from marine, lacustrine, or terrestrial food resources: potential impact on early African Homo sapiens», Comparative Biochemistry and Physiology Part B 131, S. 653–673 (7)

Burkhardt-Holm, P. (2009): «Klimawandel und Bachforellenrückgang – gibt es einen Zusammenhang? Resultate in der Schweiz», Umweltwiss Schadst Forsch 21, S. 177–185 (4)

Cato, J. C. & C. L. Brown (2003): «Marine Ornamental Species – Collection, Culture & Conservation», Iowa State Press (9)

Cheung, W. W. L., V. W. Y. Lam, J. L. Sarmiento, K. Kearney, R. Watson, D. Zeller & D. Pauly (2009): «Large-scale redistribution of maximum fisheries catch potential in the global ocean under climate change», Global Change Biology, doi: 10.1111/j.1365-2486.2009.01995.x (4)

Cole, D. W., R. Cole, S. J. Gaydos, J. Gray, G. Hyland, M. L. Jacques, N. Powell-Dunford, C. Sawhney & W. W. Au (2009): «Aquaculture: Environmental, toxicological, and health issues», Int. J. Hyg. Environ. Health 212, S. 369–377 (7)

Daufresne, M. & P. Boet (2007): «Climate change impacts on structure and diversity of fish communities in rivers», Global Change Biology 13, S. 2467–2478 (4)

Diaz, R. J. & D. L. Breitburg (2009): «The Hypoxic Environment», in: Richards J. G., A. P. Farrell & C. J. Brauner, eds., Fish Physiology, Vol 27, Burlington: Academic Press, S. 1–23 (4)

Dierking, L. D., K. Burtnyk, K. S. Buchner & J. H. Falk (2002): «Visitor Learning in Zoos and Aquariums – A Literature Review», Institute of Learning Innovation, Annapolis, MD (9)

DIN (2001): «German standard methods for the examination of water, waste water and sludge – Subanimal testing (group T) – Part 6: Toxicity to fish. Determination of the non-acute-poisonous effect of waste water to fish eggs by dilution limits (T 6)», DIN 38415-6; German Standardization Organization (8)

Evans, D. H. & J. B. Claiborne (2006): «The Physiology of Fishes», Third Edition, Taylor & Francis

FAN April 2000 – No. 24, FAO Aquaculture Newsletter (9)

FAO (2009): «The State of World Fisheries and Aquaculture 2008», Food and Agriculture Organization of the United Nations, Rome, FAO Fisheries and Aquaculture Department (5, 6)

Fischnetz 2004: Dem Fischrückgang auf der Spur: Schlussbericht des Projekts «Netzwerk Fischrückgang Schweiz», Januar 2004. Bezug: Eawag, Dübendorf oder: www.fischnetz.ch

Fent, K. (2003): «Ökotoxikologie – Umweltchemie – Toxikologie – Ökologie», 2. Auflage, Georg Thieme Verlag (8)

FSBI (2007): «Climate change and the fishes of Britain and Ireland», Briefing Paper 4. Fisheries Society of the British Isles, Granta Information Systems, 82A High Street, Sawston, Cambridge, CB2 4H, UK (4)

García-Berthou, E., C. Alcaraz, Q. Pou-Rovira, L. Zamora, G. Coenders & C. Feo (2005): «Introduction pathways and establishment rates of invasive aquatic species in Europe», Can. J. Fish. Aquat. Sci. 62, S. 453–463 (4)

Gherardi, F., S. Gollasch, D. Minchin, S. Olenin & V. E. Panov (2009): «Alien Invertebrates and Fish in European Inland Waters», in: DAISIE, Handbook of Alien Species in Europe,Chapter 6, S. 81–92, Springer Science + Business Media B. V. (4)

Gunkel, G. (1994): «Bioindikation in aquatischen Ökosystemen», Gustav Fischer Verlag (8)

Hahn, A. & A. Ströhle (2004): «Prävention degenerativer Erkrankungen Omega-3-Fettsäuren», Chem. Unserer Zeit 38, S. 310–318 (7)

Hari, R. E., D. M. Livingstone, R. Siber, P. Burkhardt-Holm & H. Güttinger (2006): «Consequences of climatic change for water temperature and brown trout populations in Alpine rivers and streams», Global Change Biol. 12, S. 10–26 (4)

Helfman, G. S. (2007): «Fish Conservation – A Guide to Understanding and Restoring Global Aquatic Biodiversity and Fishery Resources», Islandpress

Hempel, G., I. Hempel & S. Schiel (2006): «Faszination Meeresforschung – Ein ökologisches Lesebuch», AWI, Verlag H. M. Hauschild GmbH, Bremen

Hilge, V. & R. Hanel (2008): «Aquakultur: bedeutend für die Welternährung», in: Forschungsreport Nr. 2 des BMELV, S. 11–13 (6)

Hites, R. A.; J. A. Foran, S. J. Schwager; B. A. Knuth, M. C. Hamilton & D. O. Carpenter (2004): «Global assessment of polybrominated diphenyl ethers in farmed and wild salmon», Environ. Sci. Technol. 38, S. 4945–4949 (6)

Holmlund, C. M & M. Hammer (1999): «Ecosystem services generated by fish populations», Ecological Economics 29, S. 253–268 (10)

Jenkins, D. J. A., J. L. Sievenpiper, D. Pauly, U. R. Sumaila, C. W. C. Kendall & F. M. Mowat (2009): «Are dietary recommendations for the use of fish oils sustainable?», Canadian Medical Association Journal, S. 633–637 (7)

Jobling, M. (1995): «Environmental Biology of Fishes», Chapman & Hall

Karl, H. (2008): «Nematode larvae in fish on the German market 20 years of consumer related research», Archiv für Lebensmittelhygiene, S. 107–116 (7)

Keller, B. D., D. F. Gleason, E. McLeod, C. M. Woodley, S. Airamé, B. D. Causey, A. M. Friedlander, R. Grober-Dunsmore, J. E. Johnson, S. L. Miller & R. S. Steneck (2009): «Climate Change, Coral Reef Ecosystems, and Management – Options for Marine Protected Areas», Environmental Management 44, S. 1069–1088 (4)

Klötzli, F., U. Capaul, H. Hilfiker, A. Schläfli, T. Bürgin (2006): «Der Rhein – Lebensader einer Region», Naturforschende Gesellschaft Zürich

Kratochvil, H. & H. Schwammer (1997): «Reducing Acoustic Disturbances by Aquarium Visitors», Zoo Biology 16, S. 349–353 (9)

Kuiter, R. H. & H. Debelius (2009): «Atlas der Meeresfische – Die Fische an den Küsten der Weltmeere», 3. Auflage, Kosmos Verlag

Lands, W. E. M. (2009): «Human Life: Caught in the Food Web», in: Arts, M. T. et al. (eds.), Lipids in Aquatic Ecosystems, Springer Science+Business Media (7)

Lammer, E., G. J. Carr, K. Wendler, J. M. Rawlings, S. E. Belanger & T. Braunbeck (2009a): «Is the fish embryo toxicity test (FET) with the zebrafish (Danio rerio) a potential alternative for the fish acute toxicity test?», Comparative Biochemistry & Physiology, Part C, Toxicology, 149, S. 196–209 (8)

Lelek, A. & G. Buhse (1992): «Fische des Rheins. Früher und heute», Springer, Berlin

Lozan, J. L., E. Rachor, K. Reise, J. Sündermann & H. Westernhagen (Hrsg.) (2003): «Warnsignale aus Nordsee und Wattenmeer: Eine aktuelle Umweltbilanz», Wissenschaftliche Auswertungen (3, 4)

Losey, G. S., T. W. Cronin, T. H. Goldsmith, D. Hyde, N. J. Marshall & W. N. McFarland (1999): «The UV visual world of fishes: a review», Journal of Fish Biology 54, S. 921–943 (1)

Lotze, H. K., K. Reise, B. Worm, J. van Beusekom, M. Busch, A. Ehlers, D. Heinrich, R. C. Hoffmann, P. Holm, C. Jensen, O. S. Knottnerus, N. Langhanki, W. Prummel, M. Vollmer & W. J. Wolff (2005): «Human transformations of the Wadden Sea ecosystem through time: a synthesis», Helgol Mar Res 59, S. 84–95 (3, 4)

Marshall, N. B. (2006): «Fish – Life, Environment and Diversity», Agrobios (India)

McFadzen, I., S. Baynes, J. Hallam, A. Beesley & D. Lowe (2000): «Histopathology of the skin of UV-B irradiated sole (Solea solea) and turbot (Scophthalmus maximus) larvae», Marine Environmental Research 50, S. 273–277 (1)

Mooij, W. M., L. N. De Senerpont Domis & S. Hülsmann (2008): «The impact of climate warming on water temperature, timing of hatching and young-of-the-year growth of fish in shallow lakes in the Netherlands», Journal of Sea Research 60, S. 32–43 (4)

Moyle, P. B. & J. J. Cech (2004): «Fishes – An Introduction to Ichthyology», 5th Edition, Pearson Prentice Hall

Müller, R. & P. Stadelmann (2004): «Fish habitat requirements as the basis for rehabilitation of eutrophic lakes by oxygenation», Fisheries Management and Ecology, 11, S. 251–260 (4)

Munday, P. L., D. L. Dixson, J. M. Donelson, G. P. Jones, M. S. Pratchett, G. V. Devitsina & K. B. Doving (2009): «Ocean acidification impairs olfactory discrimination and homing ability of a marine fish», PNAS 106 (6), S. 1848–1852 (4)

Naylor, R.L., R.J. Goldburg, J.H. Primavera, N. Kautsky, M.C.M. Beveridge, J. Clay, C. Folke, J. Lubchenco, H. Mooney & M. Troell (2000): «Effect of aquaculture on world fish supplies», Nature 405, S. 1017–1024 (6)

Naylor, R. & M. Burke (2005): «Aquaculture and Ocean Resources: Raising Tigers of the Sea», Annu. Rev. Environ. Resour 30, S. 185–218 (6)

Nelson, J.S. (2006): «Fishes of the World», Fourth Edition, Wiley

Nentwig, W. (2007): «Biological Invasion», Ecological Studies 193, Springer (4)

Nilsson, G.E., J.-P.A. Hobbs & S. Östlund-Nilsson (2007): «Tribute to P.L. Lutz: respiratory ecophysiology of coral-reef teleosts», Review The Journal of Experimental Biology 210, S. 1673–1686 (1)

Noguchi T. & O. Arakawa (2008): «Tetrodotoxin – Distribution and Accumulation in Aquatic Organisms, and Cases of Human Intoxication», Mar. Drugs 6, S. 220–242 (6)

Pauly, D. (2007): «The Sea Around Us Project: Documenting and Communicating Global Fisheries Impacts on Marine Ecosystems», AMBIO 34 (4), S. 290–295

Pauly, D. (2009): «Beyond duplicity and ignorance in global fisheries», Scientia Marina 73(2), S. 215–224, Barcelona (Spain) (5)

Penzlin, H. (2005): «Lehrbuch der Tierphysiologie», 7. Auflage, Spektrum Akademischer Verlag

Pillay, T.V.R. & M.N. Kutty (2005): «Aquaculture – Principles and Practices», Second Edition, Blackwell Publishing (6)

Pörtner, H.O. & R. Knust (2007): «Climate Change Affects Marine Fishes Through the Oxygen Limitation of Thermal Tolerance», Science 315, S. 95–97 (4)

Probst, W.N., S. Stoll, H. Hofmann, P. Fischer & R. Eckmann (2009): «Spawning site selection by Eurasian perch *(Perca fluviatilis L.)* in relation to temperature and wave exposure», Ecology of Freshwater Fish 18, S. 1–7, 2008 (3)

Pullin, R.S.V., R. Froese & D. Pauly (2007): «Indicators for the Sustainability of Aquaculture», in: T. M. Bert (ed.), Ecological and Genetic Implications of Aquaculture Activities, S. 53–72, Springer (6)

Samerotte, A.L., J.C. Drazen, G.L. Brand, B.A. Seibel & P.H. Yancey (2007): «Correlation of Trimethylamine Oxide and Habitat Depth within and among Species of Teleost Fish: An Analysis of Causation», Physiological and Biochemical Zoology 80 (2), S. 197–208 (7)

Sapkota, A., A.R. Sapkota, M. Kucharski, J. Burke, S. McKenzie, P. Walker & R. Lawrence (2008): «Aquaculture practices and potential human health risks: Current knowledge and future priorities», Environment International 34, S. 1215–1226 (6)

Scheurer, K., Ch. Alewell, D. Bänninger & P. Burkhardt-Holm (2009): «Climate and land-use changes affecting river sediment and brown trout in alpine countries – a review», Environ. Sci. Pollut. Res. 16, S. 232–242 (4)

Sneddon, L.U. (1999): «Pain Perception in Fish: Indicators and Endpoints», ILAR Journal 50, No 4, S. 338–342 (9)

Soo, P. & P.A. Todd (2009): «Fish in Aquariums for Aesthetically Enhancing Public Spaces (AAEPS): An Incipient Welfare Issue?», Journal of Applied Animal Welfare Science 12, S. 263–272 (9)

Storch, V. & U. Welsch (2004) «Systematische Zoologie», 6. Auflage, Spektrum Akademischer Verlag

Storch, V. & U. Welsch (2009): «Kükenthal Zoologisches Praktikum», 26. Auflage, Spektrum Akademischer Verlag (1, 2)

Subasinghe R., D. Soto & J. Jia (2009): «Global aquaculture and its role in sustainable development», Reviews in Aquaculture 1, S. 2–9 (6)

Valiela, I., J. L. Bowen & J.K. York (2001): «Mangrove Forests: One of the World's Threatened Major Tropical Environments», BioScience 51 (10), S. 807–815 (3)

Van Ginneken, V.J. T. & G.E. Maes (2005): «The European eel *(Anguilla anguilla, Linnaeus)*, its lifecycle, evolution and reproduction: a literature review», Rev Fish Biol Fisheries 15, S. 367–398 (1)

Walther, G.-R., E. Post, P. Convey, A. Menzel, C. Parmesank, T.J.C. Beebee, J.-M. Fromentin, O. Hoegh-Guldberg & F. Bairlein (2002): «Ecological responses to recent climate change», Nature 416, S. 389–395 (4)

Wootton, R.J. (1998): «Ecology of Teleost Fishes», Second Edition, Kluwer Academic Publishers

Worm, B., R. Hilborn, J.K. Baum, T.A. Branch, J.S. Collie, C. Costello, M.J. Fogarty, E.A. Fulton, J. A. Hutchings, S. Jennings, O.P. Jensen, H.K. Lotze, P. M. Mace, T. R. McClanahan, C. Minto, S.R. Palumbi, A.M. Parma, D. Ricard, A.A. Rosenberg, R. Watson & D. Zeller (2009): «Rebuilding Global Fisheries», Science 325, S. 578–585 (5)

Bildnachweis

Umschlagabbildungen
Vorne: Laube oder Ukelei *Alburnus alburnus*, Foto: Michel Roggo (oben); Orangeringel-Clownfisch *Amphiprion ocellaris*, Foto: Daniel Knop (unten).
Hinten: Bachforelle *Salmo trutta fario,* Foto: A. Held/blickwinkel (oben); Zebrabärbling *Danio rerio,* Foto: Jürgen Holm (unten).

Tatiana Belova/Shutterstock: S. 23

Rob Broek/iStockphoto: S. 104/105

Chamila Brieske: S. 20, Abb. 18

Reinhard Dirscherl/Photolibrary: S. 86/87

Hans Evers: S. 173–174; S. 177

Kjell Tore Grøthe, Lærdalsmat Sognefjord Gourmet AS: S. 140/141

Andrea Hajmer: S. 31; S. 107, Abb. 3; S. 114; S. 130, Abb. 8; S. 131 beide; S. 148; S. 188

Frank Hecker: S. 92; S. 135, Abb. 14

A. Held/blickwinkel: S. 154/155

Anna-Lena Holm: S. 8

Jürgen Holm: S. 12; S. 17 beide; S. 19; S. 21; S. 27 beide; S. 28, Abb. 28; S. 34; S. 43; S. 63, Abb. 21; S. 69; S. 72; S. 73, Abb. 9; S. 74 beide; S. 76; S. 77, Abb. 14; S. 79–81; S. 82, Abb. 19; S. 90–91; S. 95–96; S. 97, Abb. 10; S. 100; S. 107, Abb. 2, 4–6; S. 113; S. 119, Abb. 16; S. 120, Abb. 17, 18; S. 121; S. 128; S. 134; S. 136–137; S. 157, Abb. 2; S. 158–161; S. 165, Abb. 8; S. 167; S. 189, Abb. 3, 5; S. 195–197

Patricia Holm: S. 18 alle; S. 48 beide; S. 66–68; S. 70; S. 115, Abb. 12; S. 122; S. 129; S. 135, Abb. 15; S. 145, Abb. 3; S. 152; S. 157, Abb. 3; S. 163 beide; S. 178; S. 189, Abb. 4; S. 194

jele/Shutterstock: S. 116/117

Thomas Jermann: S. 40; S. 41; S. 63, Abb. 22; S. 184

Olga Khoroshunova/Shutterstock: S. 192

Corinne Klaus: S. 10; S. 24, Abb. 22, 23; S. 30; S. 47, Abb. 2

Daniel Knop: S. 13 beide; S. 14; S. 15 alle; S. 26; S. 28, Abb. 29; S. 39 links und Mitte; S. 44/45; S. 47; S. 51 beide; S. 52/53; S. 58, Abb. 16; S. 61; S. 84; S. 102/103; S. 151; S. 170/171; S. 175; S. 176; S. 179 beide; S. 181–183; S. 185; S. 190

Karl-Hermann Kock: S. 120, Abb. 19

kojik/Shutterstock: S. 88/89

Fedor Kondratenko/Shutterstock: S. 153

Judy Ledbetter/iStockphoto: S. 115, Abb. 13

Andy Lim/Shutterstock: S. 146

Marevision Marevision/Photolibrary: S. 93

Christian Michel: S. 165, Abb. 9

Mikhail Nekrasov/Shutterstock: S. 123

Nikontiger/iStockphoto: S. 109

NIWA, NZ: S. 20, Abb. 17

Krzysztof Odziomek/iStockphoto: S. 144

ollirg/Shutterstock: S. 132

Armin Peter: S. 54; S. 71 beide; S. 73, Abb. 8

pio3/Shutterstock: S. 186/187

Constanze Pietsch: S. 169, Abb. 14

Rüdiger Riehl: S. 49 alle; S. 50 beide; S. 58, Abb. 15

Michel Roggo: S. 35; S. 127

Sapsiwai/Shutterstock: S. 119, Abb. 15

Erwin Schraml: S. 59 beide; S. 126

Patrick Schwartz: S. 168 alle; S. 169, Abb. 15

David G. Senn: S. 145, Abb. 4, 5

Michèle Stark: S. 124/125; S. 133

Michael Stoffel: S. 22

SueC/Shutterstock: S. 56/57

SURABKY/Shutterstock: S. 138/139

Elena Vdovina/iStockphoto: S. 77, Abb. 15

Winfried Werzmirzowsky: S. 6/7; S. 11; S. 16, Abb. 11; S. 25; S. 29; S. 32; S. 33; S. 37; S. 39 rechts; S. 62; S. 83; S. 191

Stichwortregister